自治体議会政策学会叢書

いいまちづくりが防災の基本
―災害列島日本でめざすは"花鳥風月のまちづくり"―

片寄 俊秀 著
(大阪人間科学大学教授)

イマジン出版

目　　次

はじめに ………………………………………………………… 5

第1章　災害列島日本をどうする …………………………… 9
　①地震・雷・火事… ………………………………………… 9
　②語り継ぐ防災の知恵 ……………………………………… 13
　③増殖する地下街の恐怖 …………………………………… 16
　④地下街問題の解決提案 …………………………………… 21

第2章　災害とはなにか ……………………………………… 23
　①災害列島日本を襲うさまざまな災害 …………………… 23
　②災害の基本構造 …………………………………………… 28
　③今どき、なぜ超高層住宅なのか ………………………… 33
　④災害に弱い人間たち ……………………………………… 35

第3章　災害に弱いまちは、どうして生まれたか ………… 39
　①夢の未来都市 ……………………………………………… 39
　②高度成長を支えた技術と事業の仕組みの問題点 ……… 42

第4章　防災も環境保全も …………………………………… 49
　①災害は'あとが怖い'こと ………………………………… 49
　②激特事業の問題点 ………………………………………… 55
　③災害復興とまちの魅力を守ること ……………………… 57

第5章　"しのぎ"の防災システム …………………………… 63
　①ソフトとハードの組み合わせこそ ……………………… 63

②災害シェルター（駆け込み寺）の提案 64
　③民間の力でも災害シェルターをつくる 66
　④流域全体で考える 69
　⑤脱ダムで総合治水策を 73

第6章　「花鳥風月」のまちづくりに向けて 77
　①防災まちづくりの目標像 77
　②よい子は川で遊びたい 79
　③"まち育て"の思想 80

あとがき 84

はじめに

　「天災は忘れた頃にやってくる」という名言がありますが、忘れる間もなく毎年のように各地で大災害が起こっている現状を見ると、現代のわが国はまさしく「災害列島」と言わざるをえません。
　よく「最近は異常な自然現象が多い」とか「異常気象だ」などといいますが、われわれが気象などの自然現象についての比較的きちんとしたデータをとりだしてから、たかだか百年あまりというなかで、どうして「異常」などと言えましょうか。人間の方が自然の営みについてあまりにも無知であり、理解不十分であるために、自然に手ひどい打撃を与えたり、自然との接し方を大きく誤ってきたことが、現代の災害頻発の理由ではないかと思えてなりません。
　なによりもまず、わが国の都市や地域の置かれている現状を正しく認識し、その危険性を察知して、一刻も早く状況を改善するための手だてを打たねばならないと思います。
　ただ、ここでとくに強調しておきたいことは、「防災まちづくり」といえばコンクリートでがちんこに固めることである、などと短絡してはいけないという点です。
　わたしの考えを一口で言うと、「防災まちづくり」とは、人々がそのまちを「なんとしても守りたい！」と本気で思うような、「守るに値する、いいまち」をつくることです。
　住み良くて、弱者にやさしく、美しくて魅力的な「い

いまち」をつくりたい。もちろん「住み良い」ということの基本には「安全・安心」が確保されていること、そしてもう一つ、「いいまちだからこそ、地域の人々の心が通じ合っていて、いざというときには助け合う体制がある」ということが大切です。

　自然の営みは、しばしば想定した規模をはるかに超えることを知らねばなりません。だから自然の猛威を全て押さえ込むことが出来るなどと思い上がってはいけないと思います。

　しかし、仮に押さえ込めなくても、最低限人の命だけは救いたい。多くの場合、これは決して不可能ではないのです。

　そしてそれは必ずしもハードな対策ではなくて、たとえば「逃げる」のも一つの有力な方法です。

　「うまい逃げ方」を普段から良く考えておくと、ほとんど被害を受けることなく、自然の猛威を「やわらかく受け流す」ことができる場合が結構多いのです。

　そしていざというときには、人々の助け合い、つまり「ご近所の底力」がものをいう。あの阪神淡路大震災が与えてくれたもっとも重要な教訓が、このことではなかったでしょうか。

　まちづくりの本当のプロは、その地域にお住まいの方々だと、わたしは常々そう考えています。地域の事情はそれぞれ異なっており、外部の専門家にもわからないことが多いし、やはりその地域のまちづくりの方向性を決め、実行にうつす主人公は、そのまちに暮らす人たち自身であるべきでしょう。

　だから、主人公が自ら考え、自ら行動する過程に対して、われわれ外部の人間に出来ることといえば、そういうときのヒントになりそうな話題や方法や技術や基本的

なものの考え方を提示することぐらいだと思います。
　本書は、これまで長く各地のまちづくりや被災の現場を見てきたわたしの経験や知識、そしてそれらをもとにわたし自身がいろいろ考えたことをまとめたものですが、決して十分だとは思っていないし、他人に押しつけるつもりは毛頭ありません。地域のみなさまが、行間から何かのヒントでも得ていただければ幸いです。

第1章　災害列島日本をどうする

1　地震・カミナリ・火事…

　以前は恐いものといえば、もう一つ「オヤジ」があったのですが、最近は親父の威厳などという言葉も滅多に聞けなくなりました。

　しかし、わたし自身のささやかな経験として、世の親父たちに与えたいメッセージは、災害のまっただなかにおいてこそ、一家の柱として、オヤジは「でん」と構えていなければならないし、威厳を示す絶好のチャンスだということです。

　それはわたしたち一家が長崎に住まいしていた1982年の夏、7月23日のことでした。その年の夏は空梅雨で長らく雨が降らなかったところへ、数日前から突然毎日のようにドカ雨が続いたものですから、長崎市を中心とする地域の土は、ほとんど一杯に水を吸って膨潤状態にありました。

　そしてその当日の午後から降り出した梅雨末期の集中豪雨は、梅雨前線から張り出した湿舌の作用とされていますが、ともかく信じられぬほどの激しい降りが数時間続いたのです。長崎に隣接する長与町の雨量計が記録した数値は、なんと1時間最大雨量187㎜、3時間330㎜、総雨量475㎜。この1時間降雨量はわが国観測史上歴代第1位の数値でした。

たまたまその日体調が悪くて自宅に居たわたしは、雨足のあまりの激しさに異常を察して、娘の行っていた町の学習塾の先生に電話をして、ともかくそこに待機させて欲しいとお願いしました。当時のわたしの家は、長崎市内でも都心の市街地部とはトンネルで山を一つ越えた別の水系に位置しており、その日の夜中に発生した土石流で、頼みの国道が寸断されて交通途絶となりました。結局、娘は学習塾の先生のご好意でお宅に預かっていただき、彼女と再会できたのは3日後でしたから、その日のわたしの指示はまことに的確であったといえましょう。

　なぜそれほどわたしの勘が冴えていたのかについては、あとの項で説明しますが、トンネルを歩いて抜け、土石流の現場を迂回してようやく帰ってきた娘と一家4人（もう一人娘が居ました）は、それから数日間、電気も水道もストップしたわが家で、一本のローソクの灯を頼りに食事をしました。

　この時の水害は、長崎市を中心とする地域に被害が集中したもので、死者・行方不明者が300名ちかく、土砂崩れや浸水災害が各地で発生し、道路や交通機関、さらに水道、電気、都市ガスなどのライフラインがずたずたに切断されて、3千億円を超える被害がでたと推定されています。長崎では太平洋戦争末期、1945年8月9日のアメリカ軍による「原爆」以来とされるほどの大災害であったのです。

　わが家の近所では土石流で十数人の死者・行方不明者が出たし、親しかった同僚が夫婦子ども共々土石流の犠牲になるなど、あたりには騒然とした空気が漂っており、わたしも連日のように救援活動と調査活動に出かけて心身共に疲れ果てましたが、それでもお気の毒なご近

所や直接の被災者に比べると、一家みんなが無事であるだけでも、たいへん幸せだと思いました。

　さいわいわが家の燃料はボンベ式のプロパンガスでしたので、都心部が都市ガスの断絶で苦労されたのを尻目に、これが大活躍してくれて調理については問題なかったのですが、電気と水道は長らく断絶したままであり、みなの視線はオヤジのわたしに集中しました。

　この不安ななかで「どうすればいいの」という彼らの目の訴えに応えて、わたしは「洗濯は川へ、水は山肌からのわき水を汲んでくるように」などと次々に指示を出し、それには当時いわゆる反抗期にあってか長らくあまり会話をしていなかった娘たちが、とても従順に従ってくれたのでした。

　だから、この間の生活はかなり不便であった半面、わたし自身はわが家がひさびさに団結したなと感じていましたし、その後娘たちにはあの時のオヤジの凛々しい姿がしっかりと記憶に残っているようで、のちに時々話題になったこともあります。そして、それ以来何となく互いのわだかまりが消えたような気がしています。

　災害はもちろんイヤなものですが、「禍を転じて福と為す」という言葉があるように、人類は災害で受けたダメージを逆バネにして、前向きに生きる知恵を重ね、そうして今日の文化と文明社会を築いてきたことを、わたし自身もささやかながら実感した経験でした。

●いいまちづくりが防災の基本

安政大地震津波の碑

出典：Google

② 語り継ぐ防災の知恵

　大阪市大正区に"安政大地震津波の碑"というのがあります。すぐそばに大阪ドーム、JRおよび市営地下鉄の大正駅があり、交通至便の地域なので多くの人々が住まいし、かつ集まる場所ですが、安治川と木津川の合流点付近にかかる大正橋のすぐたもとに、これが建っています。「安政南海地震[1]」の翌年、安政2年（1855）7月に建てられたものです。

　その石碑には「大地震両川口津浪記」と題する碑文があり、文には安政元年（1854）六月十四日の伊賀上野地震で大阪が相当な被害を受けたこと、そして十一月四日の安政東海地震の大阪での震度4程度のかなり大きな揺れを感じて、多くの人が小舟に避難したことが書かれています。続いて翌五日に南海地震があり、申刻（16時）の本震の揺れによって、大阪では大量の家崩れと出火が生じたようです。

　そしてこの日、本震から2時間ほど経過した日暮れごろ、「地震発生からしばらくして、大阪湾の海面のあたり一面に雷のような響きを立て、矢のような速さで大津波が襲ってきた。山のようになった大波は木津川と安治川を逆流し、川筋にあった大小無数の舟を飲み込み、安治川橋など十の橋を押し流し、道頓堀川にかかる大黒橋際では千石船が十数艘の小舟を下敷きにして押し上げられた」のです。

　大地震の避難で大勢の人が乗りこんだ多数の船が川の上流に押し流され、橋にうち当たって転覆し、橋は落ち、さらに後から流されてきた船が折り重なって、「こ

の津波のために大阪全体で死者341人と伝えられる」とあります。

　石碑はさらに「今より百四十八ケ年前、宝永四丁亥年(1707)十月四日の大地震の節も、小船に乗り津浪にて溺死人多しとかや。年月へだては伝へ聞く人稀なる故、今亦所かはらず夥しき人損し、いたましきこと限なし」と続けています。

　つまりそれより148年前に起こったこの南海地震のときも、地震からの避難のために船に乗った人が大勢いて津波で溺れ死んだ。長い年月がたったので、この言い伝えを知る人が少なくなり、今またむざむざと同じように船に乗って同じ原因で死者を多く出すことになってしまった、というのです。

　そこで、その反省として「後年又はかりがたし。すべて大地震の節は津浪起こらんことを兼ねて心得、必ず船に乗るべからず」。つまり、将来又同じように地震が起きるかも知れないから、大地震の時はいつでも津波が起きることをあらかじめ知っておいて、決して船に乗ってはいけない、と警告しています。

　さらに「火の用心肝要なり」、「川内滞船は水勢おだやかなる所をえらび繋ぎ換え、囲い船は素早く高いところへ移せ」という防災の知恵も書かれています。

　感動するのは最後の文章です。「願わくば心あらん人、年々文字よみ安きよう墨を入れ給ふべし」、すなわち、この石碑の意義を理解してくれる人がいたら、この石碑の文字がいつまでも人々が読みやすいように、どうぞ毎年墨を入れてほしい、と碑文は結んでいます。

　わたしが訪れたときにも、おそらくご近所の方々が毎年きちんと墨を入れて居られるようで、実に鮮明な文章を読みとることができました。先人の教訓がしっかりと

根付いていることに心から敬服しました。
　もっともこの辺りは都市化がすでに十分進んでいるので、ご近所の方々の出入りが結構あるようです。わたしがこの碑を探して周りの方々に尋ねてまわったときには、「そんなのあったかなぁ」という方々もおられたので油断はなりません。それだけに、これはたいへん尊い石碑だと思いますし、もっともっと多くの人々に石碑の存在を知ってもらいたいと思いました。
　なにしろ大阪ドームのように人々が大勢集まるその場所ですし、このあたり一帯の標高はまさしくゼロメートル。大阪湾の海面の標高と同じかそれ以下という低い地盤の上に、川の護岸は鋼矢板を打ち込んだだけという、耐久性において相当問題のある構造になっています。しかもすぐそばには地下鉄の駅があって、地下鉄は市内全域に地下でつながっています。
　だから、もしここに当時と同じ規模の津波がきたとすれば、濁流は地下にも流れ込んで、江戸時代とは比較にならぬほどの大惨事が起こる可能性があるのです。
　大阪のまちづくりにおいては、この先人の思いをつねに念頭に置かねばならないと思うのですが、はたしてどうでしょうか。率直に言うと、事態はますます逆の方向に進んでおり、いまや一触即発、まさに危険が一杯のまちになっているというのが大阪の実情なのです。そして同様の事態は、日本各地のあらゆるまちや地域で進んでいます。

注1）
　安政南海地震は、安政東海地震（1854年12月23日）が襲来したわずか32時間後に発生した南海道沖を震源とするM8.4の巨大地震で、近畿から四国、九州東

岸に至る広い地域に甚大な被害をもたらせた地震である。32時間前に発生した安政東海地震と共に被害が余りにも甚大であったがためにその年（嘉永7年）の11月27日に元号を嘉永から安政に改元するほどの歴史的な地震であった。

　近畿地方などは安政東海地震と被害は区別しにくいが、潮岬以西の火災、津波災害はこの地震によるものである。被害の最も大きかった土佐領内では推定波高5～8ｍの大津波が襲った。倒壊家屋3000余戸、焼失家屋2500余戸、流失家屋3200余戸、死者372人余という大災害に発展した。

　また、大阪湾北部には推定波高2.5ｍの津波が襲来し、木津川、安治川を逆流し8000隻の船舶が破損、多くの橋を破壊し700人余の死者を出した。さらに紀州沿岸熊野以西では津波被害が多く大半が流失し、紀伊田辺領内では推定波高7ｍにも達し被害を大きくした。この津波は遠く北米海岸にも達したという記録も残されている。

　この地震による全国的な被害は全壊家屋20000余戸、半壊家屋40000余戸、焼失家屋2500余戸、流失家屋15000余戸、死者約30000人と推定されている。
出所： http://www.bo-sai.co.jp/anseinankai.htm

③ 増殖する地下街の恐怖

　国土交通省が作成した淀川浸水想定区域図（図1）というのがあります。もし淀川が決壊したとすると大阪の市街地部はどうなるのか。大阪のまちはほとんど全部水没するぞ、という恐ろしい予想図です。これは動画にも

なっていて、地下街に水がダァーッと流れ込んでくるという、身の毛もよだつような状況のシュミレーション画像があります。前項でとりあげた大正区もその被害想定区域に含まれています。

　一般に地震といえば、建物の崩壊と火災が被災の中心であるように思われていますが、大都市圏においては、「地震といえば水が怖い」と、わたしは考えています。

　大阪市はもちろん東京都でもそうです。墨田区、江東区あたりのゼロメートルやマイナス地盤のあたりが、地震のときにどうなるか。コンクリートの堤防にひびが入って、そこから水が市中に溢れ出して地下街や地下鉄網を水没させる可能性はきわめて高いのです。

　ところで、わたしが大阪でいちばん心配しているのは、地下街を含む地下の都市的な空間が、今なおたいへんな勢いで増殖していることです。

　大阪駅の周辺だけを考えてみても、地下鉄が全部つながっておりますし、いろんなところに地下街ができていて、それらがほとんど全部地下でつながっており、なおも都市開発がすすむたびにどんどん増えている。これが非常に怖いのです。

　というのは、道路トンネル、鉄道トンネル、ライフライン、地下鉄トンネル、地下鉄駅舎、ビルの地下、そして地下街、地下駐車場…これらの地下の都市的な空間は、一つ一つ全部管理管轄の主体が違うという点です。単一の事業体で管理しているのではありません。

　したがって、地下で何かが起こったとき、これら複数の事業体の横の連携が全く取れていないなかで、怖ろしいことが起こる可能性が高いのです。

　水も怖いのですが、その上に例えばテロなどには完全にお手上げです。最近、国土防衛の論争が盛んですが、

図1　淀川浸水想定区域図　国土交通省近畿整備局
　　　公表　2002年6月

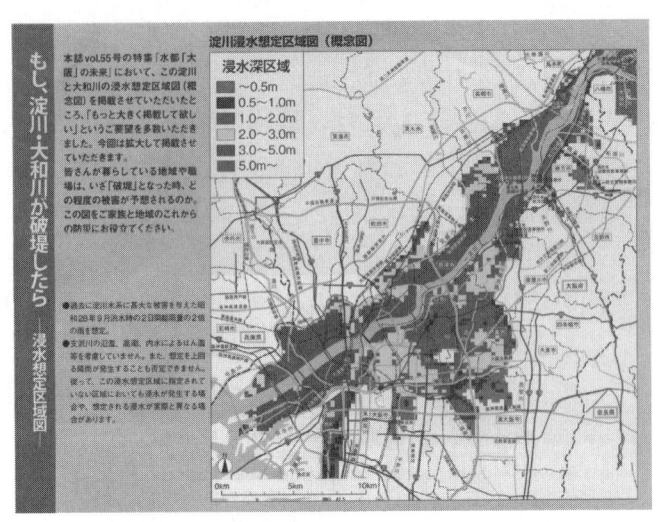

　戦争を仕掛けるとかミサイル攻撃などの大層なことをするまでもなく、大都市の地下街に何か仕掛けるだけで間違いなく大規模なパニック状態が起こり、都市機能ばかりか国土機能まで完全にマヒする可能性があるわけですから、わたしはわが国はある意味ではほとんんど「防衛」不可能で、それ以前の平和のための不断の努力こそが必要な国だとみています。

　先日機会があって、大阪の地下街の管理関係の方にお話を伺ったのですが、「防災訓練をやっていますか」と訊くと、「いや、防災訓練をやっただけで死人がでるかもしれない。だからやれないんです」との回答でした。それぐらい輻輳した、防衛不能な地下空間が大都市には広がっているばかりか、それが今なおどんどん増殖しています。

　（図2）は大阪市梅田のあたりの地下空間についての1970年代と2006年現在との比較です。実測したわけで

図2　梅田周辺の地下街の増殖状況概念図

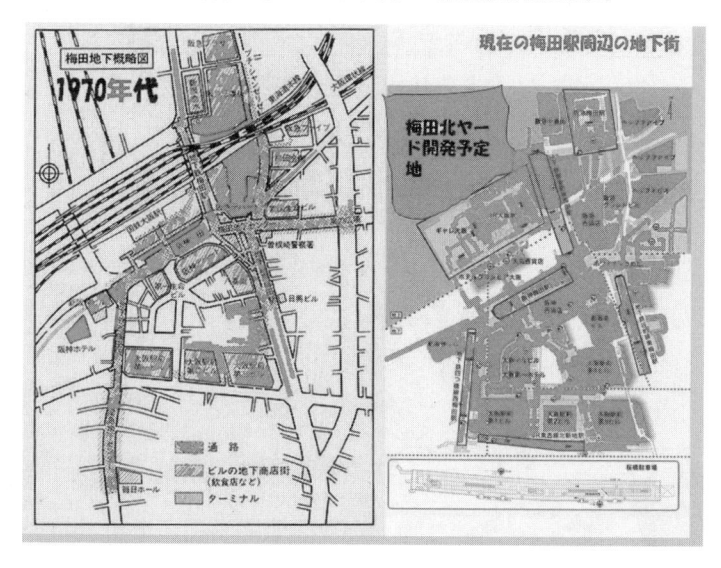

はないのであまり正確ではありませんから、およその雰囲気がこうだということをご理解下さい。いま企画が進んでいる大阪駅北部隣接の「梅田北ヤード」開発は、北大阪地区の最後の大開発と言われていますが、おそらくその空間にもまた地下街が広がることと思われます。

　地下空間は全部つながっているから怖いのです。たとえば火災の場合はしばしば有害な煙が発生します。煙の拡散するスピードは平地だと一秒間に4メートルくらいとされていますが、人が逃げようと集まってくる階段の所では、上昇気流に乗ってスピードが上がり、その煙に巻かれてバタバタと人が倒れるという、考えただけでもぞっとする事態が予想されます。

　地下街ではありませんが、個別建物の地下室の事例で言いますと、わたしが経験した1982年長崎水害のときに、長崎のような地方都市でも、(図3) に示すように、数十棟の建物の地下室が水没しています。市民会館の地

図3　長崎大水害の時の地下室浸水状況図（片寄作成）

1982・7・23　長崎水害時における地下室浸水被害状況
地下室保有建物の約8割が水没被害

地下駐車場水没
百貨店地下水没
市民病院地下水没
アイソトープ水没被害

下駐車場、百貨店地下売り場、市民病院地下診療室…。病院では地下にアイソトープを使う施設があり、これが水没して大被害を受けました。

　そのあと1999年の福岡水害では逃げ遅れて地下街で死亡者がでました。長崎のときにも、噂では死人が出たがひた隠しにしたという話がありましたが、おそらくそれは無かったと思います。個別の建物のレベルなら、何とか地上に逃げれば助かるのですから。

　いずれにしろ地下街は怖い。水害に加えて、地下街災害としては、火災や地震、停電などのパニックによる混乱などをあげることができます。地下街災害の危険性については、1970年に行われた地下街の労働組合と専門研究者の共同研究による『地下街問題と対策』という先駆的な研究成果があり、その報告書には、「出火危険度が高い」「おびただしい可燃物がある」「多量の煙が速い速度で広がる」「有害ガスが発生する」「店舗部分に多数

の滞留人員がおる」「大規模化、深層化に伴う危険」…などの問題点が指摘されています。

　そういうわけで、わたし自身は地下街にはできるだけ行かないようにしているのですが、それでもやはり行かざるを得ない都市構造になっているし、真夏とか真冬とか雨の日にはまことに快適なのです。しかし、怖いものは怖い。一刻も早く「何とかしなければならない」のです。

❹ 地下街問題の解決提案

　先に紹介した地下街問題の報告書には、問題解決のための「対策案」として、思い切った地下街開削の提示があり、なかなかすぐれた内容であると思うのですが、その後採用された気配はありません。

　基本的には"太陽を取り込もう"、という提案です。地下街のところどころの上部を、思い切って大きく天空に向けてオープンすることで、人々にとって、わかりやすく安全な空間に変えることができるというのです。

　その後地下街や都市における地下空間の安全確保についての調査研究はいろいろ進められているものの、先述したように、管理主体がそれぞれ異なる空間が地下でつながっているという「基本的な矛盾」が大きく前に立ちはだかっている状況を変えない限り、有効な手だては打てないようです。

---

[1] 『地下街問題と対策』　日本科学者会議大阪支部地下街問題チーム、全日本商業労働組合大阪支部地下街太陽分会、新建築家技術者集団大阪支部地下街問題部会共著
　1971. 9

わたしも空間的な対策として、地下街に「防災シェルター（地下街の「駆け込み寺」）」を、ある間隔でつくる、という提案を考えてみました。考えただけでまだ何一つ実現しておりません。先の矛盾を克服する動きとの連動が必須であることはいうまでもありません。

図4　地下街への防災シェルター設置提案概念図
（片寄2006）

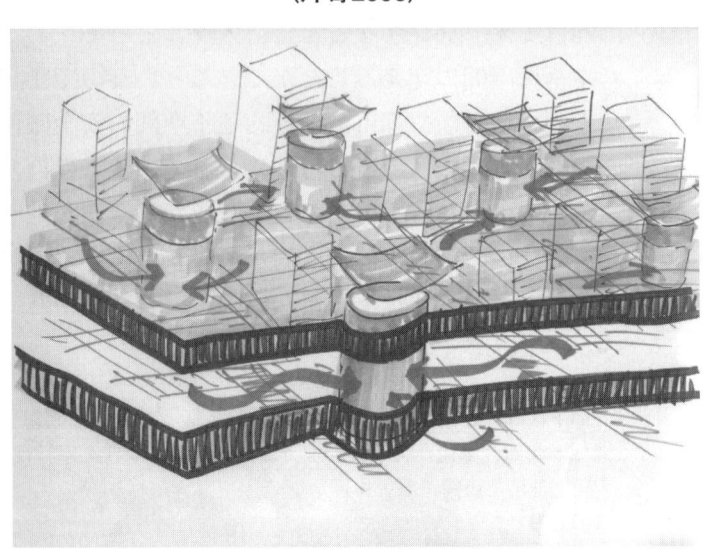

第2章 災害とはなにか

① 災害列島日本を襲うさまざまな災害

　"災害列島日本"を、毎年いろいろな種類の災害が各地を襲ってきます。どのような災害があるかについて、学術分野等においてさまざまな分類が試みられています。

　また、法的な定義としては、災害対策基本法第2条に「暴風、豪雨、豪雪、洪水、高潮、地震、津波、噴火その他の異常な自然現象又は大規模な火事若しくは爆発そ

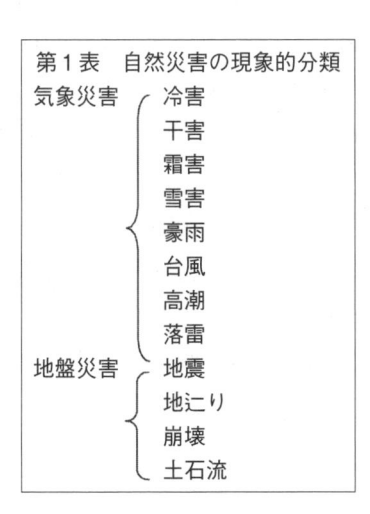

第1表　自然災害の現象的分類		第2表　災害の地理的分析	
気象災害	冷害	河川災害	外水災害（破堤）
	干害		内水災害（洪水）
	霜害	海岸災害	津波
	雪害		高潮
	豪雨		海岸浸食
	台風	山林災害	斜面災害
	高潮		山火事
	落雷	農業災害	気象災害
地盤災害	地震		虫害
	地辷り		塩害
	崩壊	都市災害	交通事故
	土石流		公害
			宅地崩壊
			ガス爆発

（表1、2。木村春彦「災害総論」法律時報「現代と災害」1977.3より）

の他その及ぼす被害の程度においてこれらに類する政令で定める原因により生ずる被害」とあります。

　具体的な事例について幾つかの写真と新聞記事を紹介してみましょう。図5は2006年の長野の水害。図6は兵庫県の豊岡市です。豊岡の場合は、川の堤防が決壊したというのですが、もともとが円山川の河口付近で、川が溢れたというよりも、全体が水浸しになったという表現をすべきでしょう。結局ここについての今後の対策としては、"輪中"にするしかないという方針が出されているようです。岐阜県の長良川周辺に行きますと、今もたくさん輪中がありますが、堤防で集落のまわりをくるんで、そして中の水はポンプで排水するという手法です。

　水害では水量と水勢も怖いのですが、土砂崩れがもっとも怖いのです。水害といえば水のことを思い浮べますが、人が犠牲になるのはだいたい土砂による災害です。土砂による災害には、斜面崩壊と、地滑りと、土石流の三種類があって、それぞれ違います。図7は斜面崩壊の写真です。そしてまた、図8のように、渇水の問題があります。水はありすぎても困るけど、無さすぎても困るのです。

　図9は、阪神淡路大震災のときの倒壊した高架道路。今はもうなくなった風景ですが、これはたいへん教訓的な風景だったと思います。これだけ鉄筋を入れて頑丈に造っているようにみえたものをぶっ壊すのですから、自然の力というものが、いかに強いのかということ。そしてわれわれの技術を過信してはならないことを示しています。何とかしてモニュメントとして残したいものだとわたしは思ったのですが、いち早く撤去されました。

　理由はよくわかりませんが、その一つに「恥」だとい

う気持ちが、設置者や技術者に強くあったのかもしれません。しかしこれは、自然の前に人間は謙虚でなければならないという、人類全体への警鐘ではなかったかと思うのです。そういう意味で、すばらしいモニュメントになったという気がします。

　サンフランシスコでは1989年10月17日の大震災で大破壊したあと高架道路を取り払うという思い切ったことをやり、その残骸の一部を図10のように大震災のモニュメントとして残しています。270人死亡、650人以上が負傷という大規模な震災でした。

　わたしの撮影した、阪神淡路大震災の被災地の写真も幾つかご紹介しておきます。わたしは、これからの日本のまちづくりは、すべからくこの阪神淡路大震災を大きい教訓として、それをバネにいい方向へ持っていくというのが本筋だ、そのために我々の眼を開かせてくれたのがあの震災だった、という気がしてならないのです。

図5

バスの屋根で10時間（京都府由良川2004年10月）

図6

水没した集落（兵庫県円山川2004年10月）

図7

長崎大水害の死者・不明者の大半は土砂系の災害の犠牲者だった（1982年7月）

図8

今年も災害列島日本（2004年の新聞記事より）

長崎大水害土石流被害

図9

阪神淡路大震災（1995年1月）で倒壊した高架道路

図10

サンフランシスコ大地震（1989）のモニュメント（倒壊した高架道路の瓦礫）

阪神淡路大震災（神戸市）

阪神淡路大震災（震災ルック）

阪神淡路大震災（宝塚市花の道）

阪神淡路大震災被災地のようす

❷ 災害の基本構造

　災害のひきがねは、集中豪雨や地震、火山噴火といったさまざまな自然現象や出火などの人為的行為であり、それらによって引き起こされた災害は、原因ごとにそれぞれ異なった様相を示しています。

　また災害は時代とともに大きく変化し、とくに都市住民が国民の八割近くを占め、都市の自動車化や情報化が進むわが国では、災害の規模が以前より容易に拡大し複雑化する傾向があります。

　したがって、すべての災害をひとくくりにすることはできないという認識は一面正しいのですが、わたし自身がさまざまな被災現場に立ってきた経験からは、相違性よりも、むしろどれも似通った面があるという印象の方をより強く感じてきました。

　それは、災害を被災者の立場からみたときにそう感じるわけで、いかなる災害においても、経済力や発言力の強い層に比べて、よわい層の受けるダメージがはるかに大きいように思われるのです。端的に言うと、災害の被害は貧乏人により厳しいということです。

　これが、いわゆる「被災の階層差」といわれる問題ですが、もともとお金持ちはあまり災害に遭わない仕組みになっています。

　例えば土地の危険度が比較的わかりやすい水害の場合でいうと、経済力があって居住地選択の自由を享受できる階層は、はじめから危険度の高い地への居住は敬遠するか、あらかじめなんらかの対策を講じているのに対して、それができない層への被害の集中がみられます。

　格差社会が明確に空間に現われているアメリカのニュ

●いいまちづくりが防災の基本

ーオルリーンズのハリケーン・カトリーヌによる水害（2005年夏）で、被害者のもっとも大きい部分が、保険会社が住宅保険の対象外としてきた低い土地に居住していた貧しい人たちであったのがその例ですが、わが国でもよく似た事例をいくらでも見ることが出来ます。地震や火山噴火の場合にも、多かれ少なかれ同様の傾向がみられます。

　災害発生直後の現場に足を踏み入れて、客観的な眼差しで見るとよくわかるのですが、大きい被害を受けている場所では、やはり自然は正直だなあと感じます。一方、無事に残っている安全なところもまた、それなりに納得するものがあり、これは震災でも水害でも同様です。

　水害のときに、長崎ではお寺さんが全く無傷であったことに気が付きました。山裾に位置していても、ちょうど鞍のような地形の上にあって斜面崩壊も土石流も受けない最高の場所。これが環境を総合的に判断するといわれる「風水」による見分けの成果なのでしょうか。

　そういう「いい場所」を見つける目を持つと同時に、その土地を入手しうるだけのお金と力のある階層は被害に遭いにくい。このように災害は極めて階層的でありまして、貧乏人は災害の度に段々貧乏になっていくという仕組みがあるのです。つらい話ですが、それが災害というものの基本的な性格の一つといえましょう。

　さらにこの被災状況における階層差は、「災害その後」の復旧・復興過程において、よりきびしく現れるように思われます。もともと経済的に弱い層であったことに加えて、災害によって新たに転落してきた人々も含めて、その階層への手当のレベルは低く、いつまでも放置されるという、いま阪神・淡路大震災のその後の現場においても、復興融資の返却不能、家賃滞納、復興住宅でのあ

第2章　災害とはなにか

いつぐ孤独死などのさまざまな災害後遺症として、もっとも特徴的に現れている問題です。

したがって災害の構造には、そのひきがねの相違による個別的な側面と、あらゆる災害に共通する側面とがあり、前者については自然科学的・工学的側面での解析が必要であるのに対して、後者については社会科学的な解析が必要であると考えられます。

このような総合的な視点からの災害研究の先駆的な業績が、佐藤武夫らによる『災害論』[2]であり、その視点を受け継ぐ研究は、その後木村春彦によってさらに展開された[3]とわたしはみています。

もちろん世に災害論は数多く提起されているわけですが、そのなかでわたしが佐藤から木村に至る流れで展開された災害論を高く評価するのは、彼らが「災害論を構築する目的は、災害の構造を解析することにあるのではなく、災害を減らし無くすための対策体系を構築することにある」（木村）という明確な問題意識にたって論の組み立てを試みてきたからです。

わたし自身が災害現場に立ったときに、被災者の切実な要求に対して、このような問題意識を持たない災害解釈論は、しばしばむしろ有害に機能することがあると感じたからでもあります。

佐藤らによる災害論は、災害の構造を、主として自然的な要因である"ひきがね"を「素因」と表現し、これを災害たらしめる要因を「必須要因」、さらにこれを大災害にまで拡大する要因を「拡大要因」と表現しています。

---

[2] 佐藤武夫、奥田穣、高橋裕著『災害論』、勁草書房1964
[3] 木村春彦『災害総論』法律時報49-4、1977

すなわち、自然的な要因による「素因」に対しては、直接対処する方法のない場合が多いが、社会的要因であるところの「必須要因」及び「拡大要因」については、それぞれについて的確に対処することによって、災害を減らし、被害を少なくすることは可能である、という考え方なのです。

じっさい、「素因」をなくすというのは不可能な場合が多いのです。地震でも大雨でも、現代の人力では止めることができません。東シナ海沖に台風が発生したところへミサイルを打ちこんで台風の目をつぶしてしまうことも不可能ではないともいわれていますが、しかしそれをやると何かまったく別の大災害をひきおこす可能性があります。それに有明海の漁師さんに伺ったことですが、時々台風が来て、湾内を混ぜくり返してくれないと漁がうまくいかないということもあるようです。

自然の仕組みにおいては、そういう「攪乱」というのも時々必要らしいのですが、これまでの災害対策というのは、基本的に自然をなだめて押さえ込むという方向にばかり向いてきたという気がします。そのためにいま、日本の山、河川、海のすべてが元気がない、と言われており、ときには活性化のために適切な「攪乱」も必要なのだということを理解しておく必要があると思います。

一方、これに対する対策体系のあり方を段階的に整理したのが、やはり佐藤、木村の流れを受け継いで実践論を展開してきた大屋鍾吾、中村八郎らの「災害に強い都市づくり」論[4]です。

大屋らは、防災対策は三段階（分野）に要約できるとして、災害を発生させないための「予防対策」（未然

---

[4] 大屋鍾吾、中村八郎著『災害に強い都市づくり』新日本出版社1993

化)、そして災害の拡大・波及を防ぐための「応急対策」(低減化)、被害の継続と長期化を防ぐための「救助・復旧対策」(早期回復)の三段階を提起しています。

わたしは、この大屋らの提起に加えて、発生現場での救助救援活動および、災害その後の都市復旧・復興の過程も防災村策の一環として位置づけ、この三段階を「予防対策」、「初動対策」、「復旧・復興対策」として整理し、先の災害の構造との関連を表現してみました。

予防対策がどこまで進んでいたか、初動対策が的確であったかどうか、復旧・復興対策が着実であったかどうかによって、被害の程度、被害の回復のスピード、住民生活と環境の復興のあり方が規定される様子を表現したかったからです。(表1、2)

表1　災害の構造と対策体系の関係

素　因	必須要因	拡大要因
(自然的)	(社会的)	(自然的・社会的)
|	|	|
予防対策	初動対策	復旧・復興対策

(出所) 佐藤ほか『災害論』を参考に片寄が作成

表2　被害の発生、拡大、回復の時間的展開

予防対策	災害発生	初動対策	被　害	復旧・復興対策	結　果
防災力の向上努力	小被害	的確な対応	早期回復	着実かつ展望ある対策、弱者救済	環境再生生活向上
↑↓	↑↓	↑↓	↑↓	↑↓	↑↓
被災拡大要因集積・蓄積	大被害	まずい対応	被害の拡大	対策すり替え便乗開発、弱者切捨て	被害犠牲の永続的拡大

(出所) 片寄　1995

③ 今どき、なぜ超高層住宅なのか

　問題は、わが国において災害の「必須要因」と「拡大要因」がますます増大していることです。防災まちづくりの基本は、この２つの要因をいかに減らし、無くすかに置かなければならないのに、あきらかに逆行しているのです。いくつか例をあげてみましょう。

　まず、国土の至る所に活断層が存在しているわが国において、「原発列島」といわれるくらい、世界総数約450基のうち52基が現存して、世界最大の空間密度で原子力発電所が立地しているという状況自体がどう考えても異常です。しかも廃棄物の処分の方法についての展望がまったく無いなかで、なおも原発づくりをどんどん進めようとしているわが国の姿勢は非常に危険だと考えます。

　それから河川上流域での乱開発と、森林保全の放棄もまた重要な災害の「拡大要因」だと考えます。いま、わが国の森林の多くが瀕死の状況にあります。おまけに竹薮が森を食い尽くしつつあるという新たな問題も広がっています。森と洪水の関係については、第５章でもう少し詳しく述べてみたいと思いますが、上流域の保水力が失われたことが下流域での洪水危険につながっていることは、言うまでもありません。

　さらに、過密、過疎の問題があります。これまで、集落の人々の力でなんとか保全されてきた里山や、ため池、そして水田などが、過疎化によって放棄され、これがまた流域の保水力を著しく減じて、先の森林の保水力減とあいまって下流部に水害をもたらしている要因とな

っています。

　もう一つは、大都市圏において、先に紹介した地下街の増殖を初めとする災害拡大要因が、ますます肥大化していること、たとえば超高層ビル林立の問題です。

　わたしは、わが国の大都市圏において超高層ビルが林立してきた状況に危惧を抱き、その「安全神話」に対してかねてから疑問を抱いてきた一人です。

　最近巨大地震に伴って発生する、揺れの周期が数秒以上という「ゆっくり地震」の存在がみつかり、それに対する超高層ビルの補強措置を含む的確な対応の必要性が指摘されていますが[5]、自然の猛威にはまだまだ未知の部分が多くあり、現段階での科学技術の到達点をあまり過信してはいけないのです。

　超高層ビルではまた、短時間に全館避難することが難しいため、避難経路、避難階段などの耐震・耐火基準及び幅員・設置数などの収容量基準を見直す必要があるとの提言が同時に出されていますが、むしろ出来るだけ「つくらない」方向を追求すべきではないでしょうか。

　さらに追加すると、超高層マンションの問題があります。じつは今どき高層、超高層の住宅をどんどん建てているのは、世界で日本と中国だけなのです。

　高層住宅はコミュニティが育ちにくい空間構造であり、また犯罪の発生率も高いため、生活環境として適していないとして、イギリスでは1960年代後半から建設を完全にやめて、タウンハウスなどと呼ばれる低層の集合住宅づくりへと転換しています。それはヨーロッパ諸国でも同じで、高層住宅はダメ、主流は低層という時代になっているのですが、なぜか日本と中国では超高層マ

[5] 読売新聞2006年11月24日　長周期地震動で超高層に過大な損傷も

ンションブームです。

　じっさい、あの超高層マンションが立ち腐れてきた時を考えるとぞっとします。どうやって壊すのでしょうか。空き室が増えて、ところどころ人が住んで、そんなところに一人で住んでいると、夜の廊下にコツコツコツと足音が聞こえる、などといった光景は想像するだに怖ろしい。イザというときに誰もご近所がいないような超高層マンションの建設は、一刻も早くストップすべきだというのがわたしの意見です。

④ 災害に弱い人間たち

　大地と隔離された超高層マンションのような、いびつな子育て環境では、どうしても「もやし」のような、かよわい人々が増えるのではないかと、かねてわたしの杞憂であったそのことが、災害の現場でまさしく現実のものとなったのを目の当たりにしました。

　つまり、「災害に弱い人間が増えている」という問題です。これは阪神淡路大震災でも問題になったのですが、わたし自身が直接体験した長崎大水害の現場でも如実に感じました。災害の修羅場のなかで、おろおろするばかりで何の役にも立たない人がやたらにいるのです。とくに若ものたちが役に立たないことに、苛立ちを覚えました。

　それにひきかえというのも年寄り臭くていけないのですが、そういうイザというときの中年以上の人たちの働きぶりはめざましいものでした。土砂をかき出すときの腰のすわり方がぜんぜん違う。シャベルで土砂を出すときに疲れない方法を会得しているのです。若い人たちは

力の入れ方がわからないのですぐ疲れる。

　ただ、そのなかでこれは救いだと思ったことがあります。若い諸君でも、子どもの時からキャンプなどで自然の中で思いきり遊んできた経験を持っている人は、災害のときにもかなり役に立つ。

　これを「生きる力」というのでしょう。人生では必ず一度や二度は大災害に出遭う可能性が高いのですから、できるだけ子供たちをゲーム機からひき離して、とにかくワイルドに育てることが、彼ら自身が今後生き延びていく力をつけるために必要なことではないでしょうか。

　つまり、災害に弱い人間を減らしたい。人間力が弱くてどうするということなのです。これは非常に大事なポイントで、いまの時代は勉強勉強とやかましいのですが、お勉強よりも何よりも、まずは自然の中で遊び、自然のすばらしさを体感して、その楽しさを体に染み付けさせる方法を考えることの方が大事ではないかなという気がしてなりません。

　ところで、災害は誰だって嫌なのです。わたしの直接経験した長崎水害のときも、阪神淡路大震災のときもそうですが、災害の現場では途方に暮れるほど土砂の掻き出しや、後かたづけや、壊れた家財を捨てたりといった泥まみれになってやらねばならない仕事が山積みなのですが、そのなかで毎日働くのはほんとうに嫌なもので、次第に憂鬱になってくる。

　そこで驚くようなことを目の当たりにしました。じつはいち早く復興したパチンコ屋さんに、大勢の人が詰めかけているのです。全国から支援に来られたボランティアの方々が一所懸命に働いているのを横目にみながら、そのまちの比較的元気のいい住民がパチンコ屋にたむろして、パチンコをしているという風景は、なんだか信じ

●いいまちづくりが防災の基本

られないほど異様に感じましたが、これが男の弱さというのでしょうか。

　現実の苦しさから逃れたいばかりにパチンコ屋へいそいそと行く。日本人はここまで落ちてしまったのかなぁと思いながら、しかしわからないでもない。やはり根を詰めすぎると、かえって仕事の能率が落ちるし、苦しい現実からは時々逃れないと、持続できないのも確かです。だからそのあたりのケアの仕組みも考えなければならない問題ではあると思います。

第3章 災害に弱いまちは、どうして生まれたか

1 夢の未来都市

　1995年1月に起こった阪神淡路大震災についてのわたしの印象を一口で言うと、"生き急ぎ日本"がもたらした災害だということでした。見かけは立派なビルがまるでハリボテ建築であったこと、にぎやかな商店街が火災にきわめて弱かったことなどなど、いわゆる経済の高度成長をひたすら追い求めてきた結果として、わが国の国土空間、都市空間が災害に対してきわめて脆弱なものとなっていたことを露呈したのがあの震災でした。

　そういう方向をつくってきた一つの理由として、1960年代から70年代の初めくらいまで、「未来都市」についての論議が流行ったことがあるのではないかと、わたしは考えています。

　当時、未来の都市はこんなにすばらしいのだよ、という絵がずいぶん描かれました。そして、そのイメージを具体的に示したのが「人類の進歩と調和」をテーマにかかげた1970年の大阪万国博覧会であったと思います。

　1960年頃は、まだカラーテレビも、マイカーも一般には普及していなかったし、高速道路も、新幹線も、超高層ビルもこの国にはありませんでした。最初の高速道路である名神高速道路が出来たのがようやく1966年です。その頃盛んに描かれた「夢の未来都市」の絵には、

超高層ビルが林立する間を縫うように高速道路とモノレールが走り、空にはジェット機、その上空には宇宙船があるという光景がありました。

　こういう未来になれば、きっと素晴らし暮らしが待っていることだろう、日本も素晴らしい国になるのだ、というイメージに国民の多くが洗脳されたのではなかったでしょうか。そして、それが日本のまちづくりの方向を指し示してきたのではないかと思います。

　たまたま縁あってわたしは1970年から大学の先生をしておりますが、じつは1962年から70年にかけて大阪府の技師として、主として千里ニュータウン、泉北ニュータウンそれに大阪万国博覧会の建設の仕事に現場で従事しておりました。まさに経済の高度成長政策の初期段階のプロジェクトXの一つであるニュータウンの出来上がりの姿も、大阪万国博覧会の計画も、すべてこういう未来都市像の延長上に描かれていたのではないかという気がします。

　あの頃多くの人々が目標像としてその実現にむけてあらゆる努力を集中してきた「夢の未来都市」とは、いったい何だったのだろう。当時描かれた、人々が待ち望んでいた未来都市の姿は、ほとんど今出来上がっています。では、本当に住みよいまちに、そして住みよい国土になったのでしょうか。いま子どもたちはキレるし、人々は元気がなくて、リストラばかり。

　少しも良いことがなかったではないかというのが、いまのわたしたちの実感ではないでしょうか。つまり、あの阪神淡路大震災は、そのことを一気に理解させたように思うのです。

70年大阪万博「大阪の千里丘陵から「世界の千里」」

WIKIPEDIAより

朝日新聞（広告）79年元旦号より

第3章　災害に弱いまちは、どうして生まれたか

② 高度成長を支えた技術と事業の仕組みの問題点

　わたしはニュータウンづくりの現場の技術者として従事していたときに、この技術にはどうも根本的におかしいところがあるということに気付きました。

　山林原野を大々的にブルドーザーで一気に切り開いてつくるニュータウンの空間は、夢の未来都市の具現化であるとばかりに、人々を魅了する華やかなモデル性を大いにうたいあげると同時に、人々の暮らしの要求を理論的に分析したうえで、それを的確に充足するための居住条件をそなえるという、すべて計算ずくの合理的な設計となっていました。

　しかし、その合理性にはあきらかに限界があったのです。

　わが国の住宅政策は、基本的に住まいの供給は個人の責任という立場をとっており、国の責任を明記しているヨーロッパ諸国に比してかなり遅れているため、公的な事業であるとはいえ、ニュータウンは独立採算の開発事業として行われています。

　基本的には地域の土地所有者の方々から原野を購入して、それに造成の手を加えて住宅地をつくり、一般や他の事業主体にその造成原価で売却するわけですが、採算ベースで事業を確実に成立させるためには、「売れない土地」をできるだけつくらないようにするという「ペイの論理」の原則が必要でした。

　ニュータウンの空間のなかで、売れる土地というのは、住宅地と商業施設などの事業用地です。そして事業採算を良くするために、その面積を目一杯とろうとする

と、一方で道路や公園、それに水路などの「売れない土地」である公共用地の面積をできるだけ減らしたいということになります。利便性と快適性と政策的な「モデルの論理」の確保のために、道路と公園の面積は一定以上確保しなければならないわけですから、いきおいそのしわ寄せが水路空間にきたのです。

　開発前の水路の状況といえば、丘陵地のなかを曲がりくねって走っていたのですからそれなりの面積をとっていました。排水という視点だけで考えると、技術的にはなんとでもなるもので、水路の設計において、最短距離を選択して、水路の形状を直線化し、しかも急勾配のつるつるの断面に仕上げると、最小断面で最大水量を流すことができます。つまり水路の面積は最小限にすることができるのです。

　こうしてニュータウンでは、比較的安価で良質な住宅地が提供されることとなって、事業はスムーズに進んだというわけですが、いうまでもなく、そのしわ寄せはすべて「ニュータウン地区外」の下流部に押しつけられたのです。大雨が降ると、あっという間に大量の水が水路に集まり、それがどどっと下流部の「地区外」に放出される。下流域一帯では、しばしばそれまで経験したことの無かった洪水災害に見舞われことになりました。

　このようなニュータウン開発における「外部への押しつけ」は、他の分野でも行われており、例えばゴミ処理場、汚水処理場、火葬場など、「未来都市」であるニュータウンに「ふさわしくない」と判断された空間はすべて地区外に立地させる計画になっており、そのような独善的な開発事業に対しては"ニュータウン・モンロー主義"つまり、ニュータウンばかり格好よくて、嫌なものは外部に放り出す勝手きままな開発事業だと、当時から

つよい批判はありました。

「地区内最適設計」の追求が、地区外には"最不適設計"になるわけで、地域全体で見れば「鬼っ子」のような開発事業が展開されたわけですがが、話はまだ続くのです。

いま、千里ニュータウンの下流の「地区外」の河川改修された現場を見ますと、ニュータウンができたために大雨が降ると一気に大量の水が流れてくるようになり、それを流すために河川の断面を増やすことが行われています。河川改修をするといっても、まわりの地価が高いものですから用地買収をして川を広げることができない。そこで、パラペットとよばれる壁を立ち上げ、増えた洪水が外に出ないようにしたわけですが、結局それまでは自分の家の地盤よりも低いところを川が流れていたものが、改修によって家の地盤よりも高いところを洪水の水が走るようになってしまったのです。

このままでは困るのは当然です。そこで地元からのつよい要望を受けたかたちで、ここから高度成長型の土建行政の見事な「解決策」が展開していったのです。

まずこうして低地となった地区に溜まる水はもう一度河川に放流しなければならないので、当初はポンプ排水が行われたのですが、やがて恒久的に問題を解決するために周辺一帯の問題を含めて一気に解決するための、大規模な「流域下水道事業」が立ち上げられました。

どれほど大規模であるかというと、この流域下水道の断面は、ジャンバルジャンが逃げ込んだという、あの有名なパリの下水道よりもまだ大きいほどなのです。低地となった地区の排水はすべてそこに流れ込み、大規模な処理場を経て、最終的には河川を通じて大阪湾に放流されます。そういう大事業をもう一つつくって問題は「解

決」したというわけですが、いわば独善的な事業のしわ寄せが次なる新しい事業を生み出すという、まさに見事な高度成長型の問題解決手法なのです。

　わたしもながらく土建業界の端くれで飯を食ってきたので、忸怩たる思いがないわけではないのですが、このような仕組みこそがわが国の建設業は永遠に不滅なりという神話を生み出してきたのだと思います。

　ニュータウン地区外に放り出されたゴミの問題を解決するためには、広域での大規模ゴミ処理場事業が生まれ、火葬場と墓地については広域火葬場と墓地公園事業などの別の主体による新しい大規模事業を生み出しましたが、それぞれ新たな問題を引き起こしている側面は否めません。たとえば流域下水道では、集水域の一部が「合流式」つまり雨水と汚水を両方とり込むために、大雨の時には処理場の機能を越える量の下水が流れ込み、一部ですが処理をしないままの'なま下水'を海に直接放流するという別の問題が起こっています。

　このような事業とそれを支えた技術展開の方向は、やはり根本的に間違っていたと思います。技術の世界は一見中立的ですが、それは誤解です。技術は宿命的にその時代の権力に従属して発展するもので、技術者というのは時代の変化になかなか対応できないのです。

　現代社会は、すでに地域全体としてサスティナブル（持続的）な社会をどうつくっていくかという時代に入ってるわけで、こうした高度成長型の事業展開による問題解決という手法はやめるべきであり、それを支えてきた技術もまた根本的に転換しなければいけないときなのです。

図1 地区内の最適設計は地区外の最不適設計

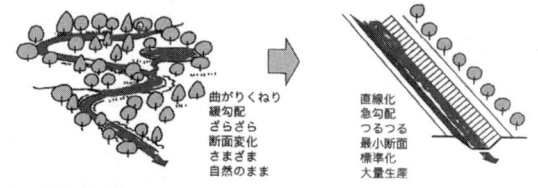

曲がりくねり
緩勾配
ざらざら
断面変化
さまざま
自然のまま

直線化
急勾配
つるつる
最小断面
標準化
大量生産

図2a 地区内最適設計の追及が地区外への洪水流量を増大するメカニズム

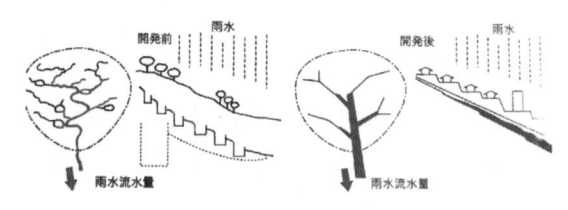

開発前　雨水
雨水流水量

開発後　雨水
雨水流水量

図2 ニュータウンの下流部における河川改修状況

図3 山田川改修工事断面図
（安威川合流点690m上流地点）

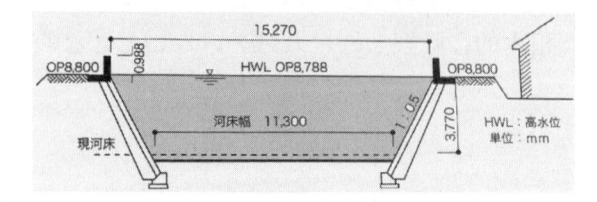

15,270
HWL OP8.788
OP8,800
0.988
OP8,800
河床幅 11,300
1.05
3,770
現河床
HWL：高水位
単位：mm

いいまちづくりが防災の基本

（上）図4　ニュータウン計画を律した「ペイとモデルの倫理」の関係
（下）図5　ニュータウン成立条件追求の倫理の全体構造

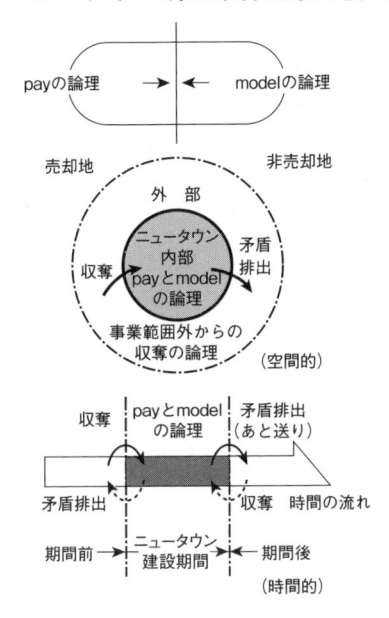

図6　NT成立のための物質収支と新規大規模開発プロジェクトによる地域的収奪関係

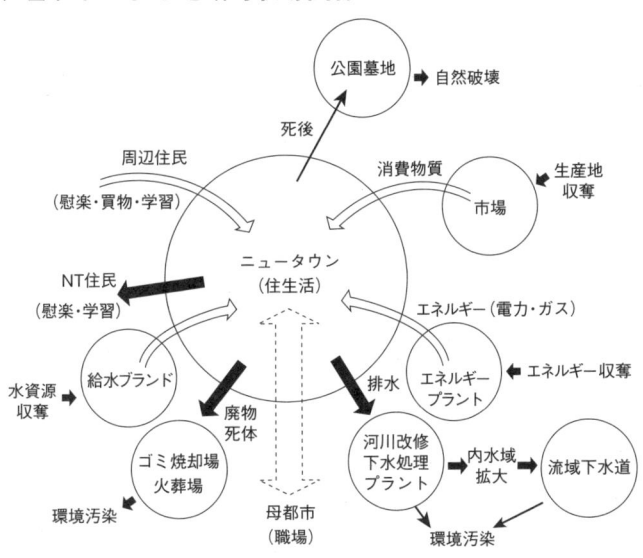

第4章　防災も環境保全も

1　災害はあとが怖いこと

　もともとわたしは奈良という古いまちで育ったこともあり、しばらくはニュータウンづくりに没頭してはいたものの、機会があって研究者となり、長崎というわが国でも数少ない、多彩な歴史が刻みこまれた情緒のある中規模都市に移住して、ふたたび古いまち、歴史のあるまち、味わいのあるまちの魅力に目覚めました。

　そして、その長崎の都心部でたまたま市民の方々が熱心によみがえらせようと努力されている「中島川」という小さな川で出会いまして、その環境再生をひとつの重要な研究テーマに設定したのです。

　1970年代の初めですから、高度経済成長のまっただなかで、都市内の中小河川はどれもこれもいわゆる「どぶ川」化しておりましたが、なかでも中島川は、よどみにはゴミが溜まり、洗剤の泡がぶくぶくとして、川面からはなんともいえぬ悪臭がたちのぼり、川沿いにお住まいの方々は鼻をつまんで暮らしているという絶望的な状況にありました。

　しかし驚くべきことに、その「どぶ川」には重要文化財の眼鏡橋をはじめとする、江戸期に架橋されたアーチ式の石橋がずらりと数橋、連続して架かっており、その上をクルマが平気で走っていたのです。

アーチの技術はおそらく海外（中国かヨーロッパかという論争のある、実に興味深いテーマです）からもたらされたものですが、それが今日なお残されているだけでなく、民衆の日常の役に立っているという光景は、さすが長崎というほかありません。わが国で最も早くしかも深く展開されてきた「異国との交流」の歴史の生き証人が、堂々とまちのなかに生きていたのです。

当時、アメリカの宇宙船が月世界に到着していたというのに、人々は身近な環境の問題を放置して、どぶ川の臭気に鼻をつまんで暮らしているという状況でしたから、わたしは現代の科学技術はおかしいと心から思いました。市議会では、この臭い川には蓋をかけて駐車場にし、その上に東京や大阪に負けないような高架道路をつくるべきである、といった議論が大まじめに展開されていました。

その大阪からやってきて、まちのシンボルとして連続する古アーチ石橋のある、しっとりとした長崎情緒こそがこの町の魅力だと思ったわたしは、川に蓋や高架道路をつくるなどとんでもない、川とその周辺の歴史的環境の復活こそがこのまちに必要であると、さまざまな場を利用して主張したのですが、当時「開発こそが進歩」と思いこんでいる一部の人たちからは、「何でも反対のアカ教師」だ、などと非難されたりしました。

それでもめげずに、学生や市民の方々と川掃除をしたり、「中島川まつり」を仕掛けたり、石橋群の調査研究や、川添いの遊歩道づくりの計画立案、歴史的な環境の保全のあり方の研究などをすすめたりしていたところに、1982年7月に大水害が襲ってきたのです。

もともと大阪ではニュータウン開発の現場技術者として、主に大規模な宅地造成や遊水地の実施設計などを担

当していたものですから、上流域の状況などから判断して、この川の現状ではいつか洪水が発生するに違いないと見ており、その対策を考えようと河川管理者である県の担当者らに呼びかけて研究会を立ち上げたところでしたが、その直後に想定を遙かに超える規模の集中豪雨が襲ってきたのでした。

　わたし自身も大水害の現場のど真ん中に放り込まれるという事態になりました。それまでいろいろ発言し行動してきた関係もあり、わたしはこの災害とまちの復旧・復興の問題に真正面から取り組む覚悟を決めました。

　現場で公的な仕事をしていた関係で、「災害は、その後が怖い」、つまり、災害で壊されるだけでなく、あとの復旧・復興というプロセスにおいて、まちの環境がさらに壊される場合が多いということを、普通の人よりはよく知っていたので、いち早く発言しなければと思い、友人の家の救援活動などの傍ら、懸命に文章を書き、新聞に投稿したりテレビで発言したりしました。しかし、結果的にはあまり上手くいきませんでした。

　もともと防災という世界は、絶対的な権力のもとに短期間に何百億円という莫大な公費が集中的に投入されるという、まちづくりの中では非常に特殊な世界を構成しており、ひとたび災害が起こると、それを待ち受けている業界のシステムがフル回転して、町の姿を徹底的に変えてしまうのです。しかも根底には「コンクリートでがちがちに固める」のが防災まちづくりである、という思想がつよくあるのですからたいへんです。

　わたしは、「それではまちが死んでしまう。人間が住んでいるまちこそが大事じゃないか。このまちをどう生かすかということこそ防災の基本ではないか」という論陣を張ったわけですが、うっかり「この復興事業による

まち壊しは二次災害だ」などと発言したこともあって、またまた当局からにらまれ、何を言っても、まるで「犬の遠吠え」のように世間から受止められて、自分の無力さを改めて思い知ったことでした。

● いいまちづくりが防災の基本

　　　　　　　　　　　　　　　　眼鏡橋風景（著者描く）

眼鏡橋の現地保存を論議する市民集会（1982年秋 長崎市中島川にて）

川は、ときに災害をもたらす存在だが、同時に人々は心から愛してもいるのだ。（市民による中島川の清掃活動。同上）

中島川まつりの光景（1980年5月）

第4章 防災も環境保全も

●いいまちづくりが防災の基本

中島川まつり風景
(1980年5月)

東京数寄屋橋で訴える長崎の
若ものたち。(1982年秋)

現在の中島川と眼鏡橋

手づくりで石橋づくりを試みた長崎
総合科学大の学生たち。
(1982年秋)

② 激特事業の問題点

　結果的にはわたしの意見のほとんどが無視されたのですが、じつは一部だけ通りました。災害直後に決定された、国の激甚災害特別補助事業（略称「激特事業」という）では、中島川にかかる重要文化財の眼鏡橋を撤去移設することがきめられていたのですが、わたしたちの運動が功を奏したというべきか、最終的には現地保存で残ったのです。「激特事業」がこれほど大きく変更されることは滅多になく、全国的にもめずらしい「事件」であったようです。

　ところで、この「激特事業」の仕組みについて、もう少し詳しくみてみましょう。

　大災害が起こったとき、被災県の知事は、国による「激甚災害」という指定を受けるための資料を、すみやかに（おおむね２週間以内）所轄省に提出しなければなりません。

　こうして指定を受けると、「激甚災害に対処するための特別の財政援助等に関する法律」の適用を受けることが出来て、地方公共団体および被災者に対する復興支援のために、国による通常を超える特別の財政援助または助成を受けることができるのです。

　この指定をとらなければ大変なことになる、というわけで、これはちょっと信じられないことですが、災害発生からしばらくの間、自治体の技術職がなにをしているかというと、部屋にこもりきって報告書を書いてるわけです。実際の担当者が、ほとんど現場に行けないのです。

では現場に行くのは誰かというと、特別の事情だということで、普段から役所と付き合いのあるコンサルタントの業者の方が、地域配置をされて情報集めに現場に行く。そうして集めた情報を整理して、復旧・復興のために必要な金額を積算して、担当者が国に持っていくという仕組みです。

とにかく災害というのは、逆に言うと何百億ものお金が出るチャンスでもありますので、そこでちゃんとした報告書を出して、国からしっかりとお金を引き出してこなければ無能であるということになるわけで、役所の技術職の人たちは、このときがたいへんなのです。その頑張りは本当に尊いのですが、肝心の担当者が現場を見る暇もないというのはやはりちょっとおかしいと思うのですが、そう言いながら、この仕組みをどう変えればいいのかについて、じつはわたしにも名案がないのです。

日本の技術系公務員の災害時の頑張りというのはたいへんなものです。わたしは長崎のまちの原爆後のまちづくりの歴史を調べて驚いたことがあります。長崎市は1945年8月9日の原爆で北半分が壊滅的な打撃を受けたのです。県庁も火災でやられてしまった。それが8月15日の終戦の日を挟んで、なんとその年の10月か11月にはもう復興計画を立てて係員が東京へ持参しているのです。

あの原爆の直後の混乱のなかで、彼らは必死になって長崎再建計画をつくって、そしてそれを持っていった。それが後に国際文化都市建設につながり、まちの再建につながっていったわけですから、その頑張りと使命感には心から敬服せざるを得ないのです。もっとも、その計画内容は当時の技術レベルを反映して、いわゆるハード一点張りであり、それが後のまちづくりの一つのネック

になっているという面は否めないのですが。

　それでも最近、国土交通省の関係の方にお聞きすると、激特事業のなかで、いかにそのまちの持っているいいところや歴史文化をどう受け継いでいくかという仕組みづくりに腐心しているとのことでしたので、期待したいと思っていますが、それにはやはり被災地住民の切実な声がきちんと反映する仕組みがなければなりません。

　あと、わたしが災害の現場で感じた率直な感想を述べておきましょう。

　それはいわゆる「偉い人」の現場視察の雰囲気です。つばのついた作業帽をかぶり、真新しい作業着に凛々しく身を固め、現場靴をはいて、お供をいっぱい連れてやってきて、しばらく地元の自治体の長か幹部から話を聞いていたかと思うとあっという間に去っていくその姿が、現場で見るとなんとも嘘くさく感じてなりませんでした。混乱の巷である修羅場なのに、何とも浮いた感じで、被災者に対して心から同情し、共感をもって今後の方向を共に考えようという真面目な雰囲気が伝わってこないのです。

　防災のまちづくりの基本として、市民自身、住民自身が本当にしっかりしなければならないことは言うまでもありませんが、その人たちの願い実現するために、暖かいまなざしでもって支援するのが行政の役割であり、じっくりと地元の話を聞く姿勢こそが、なによりも人々への励ましになるとわたしは思うのです。

③ 災害復興とまちの魅力を守ること

　災害復旧・復興でもってまちの魅力を損なってしまわ

ないようにということで、わたしは水害後における長崎のあり方について、提案を書きました。地元の長崎新聞の見開き二面、一人で全部書いたのです。土石流のために、わたしの家から街までは交通途絶していましたから、山を越えて、新聞社に原稿持って行く努力を評価してか、幸い大きく出してくれました。

そこで何を言いたかったかというと、「市民の声を聞いて慎重にやろう」ということです。そして復旧・復興においては、なによりも「死亡災害ゼロ」のまちづくりをめざすこと。それはハードにコンクリートでかためることではなくて、ソフト優先で「予報・警報・避難」のシステムを作り上げることでいち早く達成できる。

それを造ることで不安におののいている人心の安定をはかったうえで、"ロマン長崎を守る視点で"具体的なまちの復旧・復興作業にとりかかるべきだということと、緊急問題である被災者の住宅確保の手だてとして、全国のプレハブメーカーに呼びかけて良質の仮設住宅を造ろうということ。そして、災害対策は多面的に解決していかなければならないこと。総合的な視点で、このまちがこれから何で食べていくかということも考えながら問題を解決していく。つまり長崎というのは観光都市ですから、観光面での魅力アップをつねに考えなければならない、といったことを提案しました。

水害で観光長崎が駄目となったことで、その年は九州全部で観光客が激減しました。やはり九州観光の大きい柱が長崎だったのです。長崎が駄目になると九州の他の所にも行かなくなるという連鎖反応です。だから観光長崎の復興も、つよく全国に、世界にアピールしないといけない。

しかし、災害の修羅場のなかで「観光」を語るなどと

いうのは、なかなか難しいことでした。そこで災害の一週間後には、"ロマンの町再興へ・豪雨禍長崎の課題と展望"と題するもう少し長文の投稿をしました。

　わたしは眼鏡橋などの古い石橋に惚れ込んでいたものですから、これを何とか現地に残さないとだめだ、と盛んに申し上げたのですが、「いまどき何を言うか」と言われました。人が生きるか死ぬかと言っているときに、「そのような観光とか文化とかより命の問題だ」、「環境より人の生命じゃないか」というわけです。

　そういう論議に巻き込まれると、元も子もなくなると思いまして、"美しいからこそ安全なまちづくり"とか、"ロマンの町再興"を目指そうといったソフトな表現を試みました。しかしそれでも「あいつは観光のことばっかり言っておる、人の生命や財産のことを大事だと思っていない」というような非難がくるのです。

　都市構造的に見て、もともと狭い谷間に無理やり町をつくったという歴史を背負っているだけに、長崎の町には解決の難しい問題がいろいろとあり、とくに洪水に対しては、自然の猛威をいかにうまく受け流すか、いいかえればある程度の浸水は受容せざるを得ないのだということを、まず市民自身が理解しなければならないのです。

　県の主催する委員会に出席したところ、ある河川工学専攻と称する大学教授が、「長崎は町じゅうを川にするぐらいの覚悟で都市改造しなければならない」というのにあきれ果てました。それでは「河川栄えてまち滅びる」ではないかと反論したのですが、素人が何を言うかという態度で無視されました。

　まちの大半が斜面に立地し、すり鉢の底にあたる港に面した猫の額ほどの平地に、ぎっしりと人家とオフィス

と商業施設が張り付いている、もともとそういう「病いもち」のまちであるがゆえに、独特の魅力があるのです。都市改造をすれば洪水を押さえ込める、などという幻想を抱いては逆に危険なのです。

そこでわたしは「一病息災のまちづくり」という表現をして、ある程度の改修はするもののあまり無駄な抵抗をするよりもソフトにしのぐ考え方が必要なのだと、段階的に問題を解決する提案をしたのですが、当時の河川管理者である県の担当者の方は、この際一気にハードな河川改修をする必要があると強調するばかりで、わたしとはずいぶん対立しまして、ここでも「何でも反対の…」と非難を受けました。

またマスコミには、「しつこく災害復旧の問題を追及していきましょう」と提案しました。マスコミの人は、人事異動でどんどん代替わりしていきますので、一年二年経つと、災害のことなど全然知らない人が新しく赴任してきて、一から勉強する。そうするともう中身が薄くて、まったく話にならないのです。マスコミ自体に継続して発展させていく姿勢をとってほしいし、そういうマスコミのあり方を、市民が応援していく必要があるなと感じました。

一方で市民も頑張りました。水害以前から活動を展開していた「中島川を守る会」の人たちは、人海戦術で実際の洪水痕跡を聞き取りと実測調査を重ねて詳細な浸水状況図を作成し、その上に立って問題解決のための提案をまとめました。また、長崎の青年会議所の若ものたちと市民運動の人たちとが一堂に会して、"眼鏡橋を中島川からとってしまうと、観光長崎のまちのシンボルがなくなってしまう、まちが殺風景になったらこの町自体が生きていけなくなる、なんとか共存の道はないか"とい

うようなシンポジウムをするなどの運動を展開しました。

こういう市民の活動の積み重ねが、災害復興のときに非常に大きい力になるということをわたしも感じたところでした。

東京の数寄屋橋に出かけていって、署名運動もやりました。これはわたしが仕掛けたのですが、やはり全国区の話題にしないと地方の問題は解決しないという面があります。このときも同時に、"安全だからこそ美しい、美しいからこそ安全だ"というようなことを一所懸命訴えました。

シンポジウムだけでは、ことは動きませんから、まつりをやったり、ゴミ掃除をしたり、さまざまな運動が展開されました。これは非常に大事なことで、川は災害をもたらすけれども、同時に人々は川をこよなく愛しているという、そういう思いがあって初めていい環境を復興させたいという人々の気持ちが前面に出てくるのだと思います。そういう仕掛けもまた必要なのです。

こうして、眼鏡橋は現地に残りました。ですが洪水対策はほとんどできていません。眼鏡橋の周辺では巨額の公費を投入して大規模なバイパス工事が行われましたが、前述したように都市構造そのものに問題があるためにまちの安全確保にはほとんど有効に機能し得ないとわたしは見ています。

ソフトな事業にはお金が出ないわが国の防災事業の仕組みを根本的に変えないとどうにもならないことを痛感した次第です。こういう「見せかけ」の工事をするよりも、周辺地区に洪水予想の情報をいち早く流すソフトなシステムを造る方が、人々の安全にとってはよほど有効なのだというのがわたしの主張であったのですが。

第5章 "しのぎ"の防災システム

1 ソフトとハードの組み合わせこそ

　防災の基本は、何度も繰り返しますが「人命か環境か」ではなく、「人命も環境も」であると考えています。コンクリートで固めることではなく、「まちづくり」の視点に立って、自然の猛威と、魅力と、いかに共存するかなのです。そして、「わがまち」をこよなく愛する人々を増やすこと、その基本はやはり「愛するに値するいいまちをつくること」であると思います。

　そのための方法として、ソフトとハードとの巧みな組み合わせによる「しのぎ」の防災システムを作り上げることが有効である、というのがわたしの主張するポイントです。

　ソフトな対策としては、「するか、しないか」、ハードな対策としては「つくるか、つくらないか」という2つの軸が考えられます。それをマトリックスにして表現してみました。自然の猛威が来たときに、甘んじて受けるというのがあってもいいのです。これを「甘受」と名付けました。そういうものの考え方、選択肢があっていい。ソフトもハードも完全に押さえ込むという考え方を「制圧」というのでしょうが、そういうさまざまな対策の間に、"受け流す"というのもあるだろう。つまり、限りなく無害化していくという発想です。

ソフトとハードの巧みな組み合わせによる「しのぎ」の防災システム

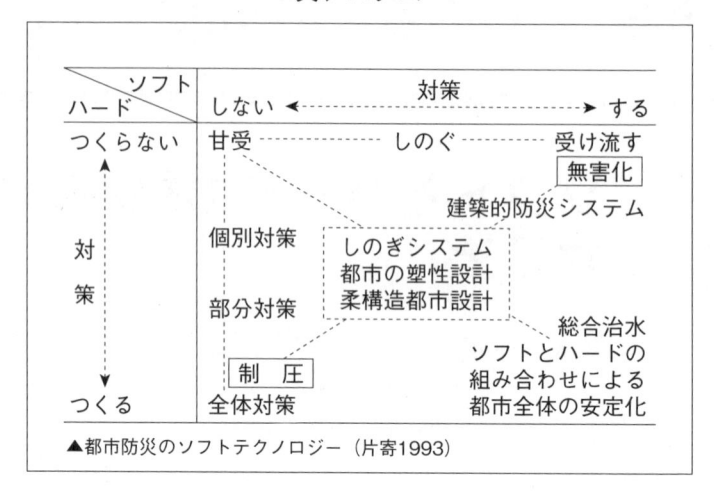

	ソフト しない ← 対策 → する
ハード つくらない	甘受　　　しのぐ　　　受け流す 無害化
↕ 対策	建築的防災システム 個別対策 しのぎシステム 　　　　　都市の塑性設計 部分対策 柔構造都市設計
つくる	総合治水 制圧　　　　　　ソフトとハードの 　　　　　　　　　　組み合わせによる 全体対策　　　　　都市全体の安定化

▲都市防災のソフトテクノロジー（片寄1993）

　これにもいくつかの選択肢があって、それらをいろいろ組み合わせて、わたしは「しのぎ」のシステムと名付けています。「しのぐ」というのはいろんな意味がありまして、やくざの世界では金稼ぎを「しのぎ」といったり、囲碁の世界では、苦しい場面をしのぐという表現があります。わたしの使い方は囲碁のそれに近く、耐え忍んで、なんとか生き延びていこうというソフトな考え方で全体をくるみ、一方で確実に押さえるべきは押さえる、しかし一部は、たとえば水害なら床下浸水くらいまでは甘んじて受けるという考え方です。

❷ 災害シェルター（駆け込み寺）の提案

　もうひとつ、被災の現場で考えついた提案は、駆け込み寺のような逃げ込む場所をつくるということです。わ

たしは「災害シェルター」と名づけているのですが、こういうのを身近な所に確立して、それを防災の拠点にする。現在では、だいたい小学校が避難の場所になったりするのですが、小学校が遠い場合とか、それから小学校だけで全部対応するのはちょっと無理があるという側面もありまして、長崎水害のときに被災の現場でこれを考えついたのです。

　被災地の周辺の方々に尋ねてみますと、どこへ逃げるかを皆さんがそれぞれ決めていました。決して公的に決められている場所ではないのです。民間のビルも含めて、あそこに行けばまず安全だ、とそれぞれの方が常日頃考えて居られるのです。

　だから、そういう人々が頼りにしやすい場所を、積極的に配置して、出来れば各戸から150メートル以内くらいに確保しておけば、だいたい人の命だけは助かるなと感じました

　公的な援助を加えて、この災害シェルターを出来るだけ人々の身近なところにつくる。しかもそれを楽しい場所にする。そして、そこを児童図書館や集会所のようにして日頃よく人が集まって、そしてまちのことを考える、そういう仕組みができたらいいなあと思って、提案をしているのです。

　たとえばその災害シェルターに、カラオケやら、ちょっと一杯飲めるようなものを置いておくのです。地震の予知は難しいのですが、少なくとも水害については、相当正確な予報ができますから、予報が出ると「あ、予報が出たわ、行ってみよう」と、人々がそこへいそいそと集まってくる。そこで皆でカラオケでも歌って、自然の猛威をやり過ごすというアイディアです。

　どしゃぶりの雨のなかを、まちを捜しまわって見つけ

た寝たきりの人を戸板に乗せて運ぶなんてことは、考えただけでぞっとします。だからそういう人を集落でごく少数に特定できるとずっと楽になります。注意報がでるのを皆心待ちにして、それが出たらいそいそと集まって「やぁやぁ」といい、そこで「誰さんまだ来てないね」とか「誰さんは最近病気で寝たきりだわ」とかそういう会話もしたりする。そしていよいよ警報が出たときには、残された特定の人だけを集中的に救いに行けばいいのです。

このようなわたしの「災害シェルター」の提案は、以前消防白書に紹介されたことがありますし、最近国土交通省の人がつよい賛同を表明してくださいました。近頃は役所もやわらかい発想になってきているようで、治水は溢れるのを前提にしようとか、輪中にしようとか、こういう方向になってきました。"もう防災は無理だ、減災だ"、ということを言い出しています。これが正しいと思います。限りなく減らす、その先に防災を位置づけるのが本筋だと思うのです

③ 民間の力で災害シェルターをつくる

この「災害シェルター」の提案を、京都におられる建築家で稲石勝之さんというわたしの友人が実現してくれました。この方は保育園の設計に詳しいのですが、設計にあたって経営者と話をして、その保育園が地域のシェルターとなるようにしましょう、という方向ですでに3件実施されています。

一般の人にも使えるように工夫してあり、地下に水タンクを置いて、近所の人がここで三日ぐらい暮らせると

「災害シェルター」(防災かけこみ寺)の適切な配置の提案　片寄1982

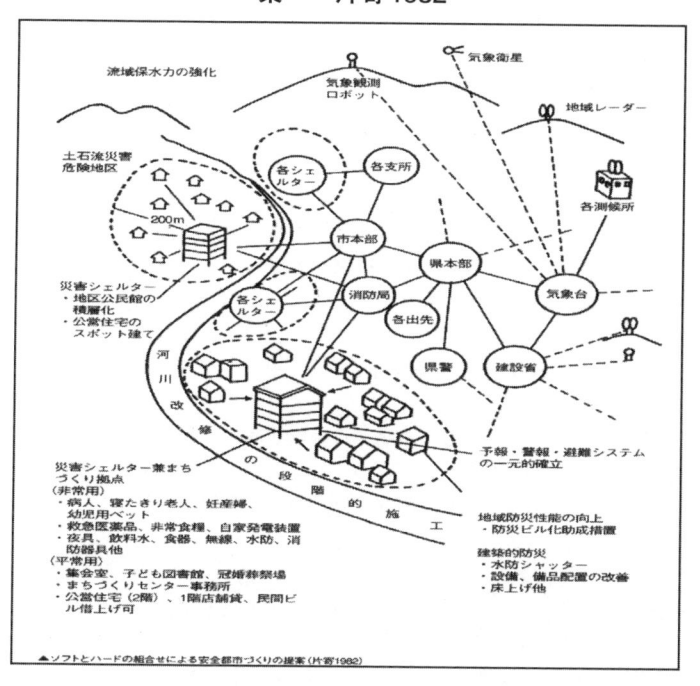

▲ソフトとハードの組合せによる安全都市づくりの提案(片寄1982)

　いう拠点が民間の手で実現されたのです。
　公共任せではなくて、民間参加による防災システムの動きこそが重要であり、早く実現できるので、大いに全国各地で進めていただきたいと願っています。つまり、学校だけではなくて、身近なところに、いざとなったら逃げ込める「駆け込み寺」のような存在を創り出すのです。こうして、まちの安全度をまず一段階上げて、それから次のステップに取りかかるというのが良いと思います。全部を一挙にやるというのは、もともと不可能なのです。

西宮市内のある保育園のすぐれた設計思想（一級建築士　稲石勝之氏の設計）

　「災害シェルター」の機能をもった民間施設　みんなのこどもをみんなで育てる「ゆめっこ保育園」

B）ゆめっこ保育園の計画（新たな課題）
1．都市の親子と地域の生活（暮らしをしたてる出会いの場に）
　　「施設」から「いえ」へのイメージに近づける
　　あたたかい、親子がほっとする空間づくり（子育ては親育て）
　　子どもの痛ましい事件の多発（子育て支援）
2．阪神淡路大震災の強教訓を生かす
　　絶対に壊れない建物
　　児童福祉施設最低基準（保育所は子供を守ってこそ、大人は救援活動に動ける）
　　三日間、水無し、火攻めにも耐える施設設備に
3．地球環境問題への取組み
　　地下水脈「宮水」を守る　雨水の利用や、将来屋上緑化

稲石氏設計の保育園（これは京都市内）
個人の努力が人とまちを守り、育てる！

●いいまちづくりが防災の基本

④ 流域全体で考える

　水害の問題については、やはり上流から下流まで流域全体で考えることが基本だと思います。災害の時には、ともすれば大きい被害を蒙った部分だけに人々の眼差しが注がれるわけですが、対策を考えるには、その部分だけで何かをしても、逆に全体的には大きいマイナスをもたらすこともあります。自然は全てつながっており、それを総体としてとらえなければなりません。

　"森は海の恋人"という、これは気仙沼の歌人で熊谷龍子さんと、牡蠣養殖業を営む畠山重篤さんとがお二人でつくられた言葉と伺っていますが、すばらしい表現だと思います。牡蠣の養殖をされていた畠山さんが、最近牡蠣の様子がおかしい、なぜだろうということでいろいろ観察したところ、川の上流部一帯の森が手入れがされなくて荒れているということに気がついた。で、山と森の交流をして、漁師の方が植林に行く。そして山の子供たちを海に招待して海のことを知る、また海の子供たちは山に行って植林をしてという交流をされて、森がよみがえると同時に海がよみがえるということを今実践されています。

　"森は海の恋人"はとてもいい言葉なのですが、川が抜けてるものですから、わたしが勝手に"川は楽しいデートコース"とうのを付け加えて、全体のイメージを図に表現してみました。

　山では、まず上流部の松枯れも含めて、とにかく森が荒れています。今、人工林がどんどん荒れているとろへ竹薮が入り込んで、全体が枯れて、大雨が降ると地表を

おさえる力が無くなり、洪水と土砂が一気に出てくるもので、非常に危ない状況が全国各地に広がっています。

また、最近では山に人がまったく入り込んでいなくて、歩いた形跡のない山が増えています。昔は薪をとったり、子どもたちがクワガタやカブトムシをとるのに毎朝巡回したりと、山に人の気配があったのですが、いまでは誰も入らないのです。

山の手入れをする人が居ないという問題は、それが仕事として成立するぐらいの収入を保証する仕組みをきちんとつくらなければ絶対に解決できないと思います。また、なんとか組織的なレクリエーション活動と組み合わせる工夫も必要です。

最近では「里山保全」の活動に病みつきになってる人も結構おられて、ゴルフより絶対おもしろいと言って、腰にナタとのこぎりと下げていそいそと山へ入っていく姿もあるのですが、これがもうすこし組織的に動き出すといいと思うのです。

子供たちを自然に連れていくと同時に、中年の人たちにも「ゴルフはもう卒業して、柴刈りに行きませんか」と言いたいのですが、そういうことをやって、流域全体でバランスよく配慮を重ねて、とにかく山をよみがえらすということが非常に大事な、急がれている問題だと思います。

全く手入れがされていない人工林では、一本一本の木がたいへん細くなっていて、地面はかちんかちんに固まっています。地表は真っ暗です。だから一雨降ると一気に下流に向って流れ落ちるので、地域に保水力がないのです。間伐をして、地表に光を入れると、そこから様々な種子の芽が出て、遷移を繰り返して、どんどんいい森になっていきます。

だから手入れさえすれば、山はよくなるのです。中高年をそういうところに引っ張りだしたり、山で食事をする楽しさを子供たちに教えると病みつきになる、そういう方向に進めばいいなと思います。
　流域ではいろいろな開発が進んでいます。団地開発、ゴルフ場などなど。わたしは長崎総合科学大学を1996年に退職したあと、兵庫県の三田というところにある関西学院大学総合政策学部のキャンパスに勤めていたのですが、その一帯を含む武庫川流域には20カ所ほどゴルフ場があります。
　もともと国土のほとんどが、荒れ地にしか繁茂しないヒースのなだらかな丘陵地であるイギリスで生まれたゴルフをやるために、わざわざ植生の豊かな里山であったわが国の丘陵地を、まるでイギリスの荒れ地の状況に近づけるというのですから、わたしに言わせるとゴルフは「亡国の遊び」だとなるのです。ついそういう嫌みを言ってしまうので、わたしはわが国でゴルフをすることはあきらめました。上空からの写真で見ると、ゴルフ場の開発は、まるで巨大な熊が爪を立てて大地を引っかいた痕のような無惨な姿をみせています。
　それから、農地でも水路の三面張りが進んでいます。昔は素堀り水路か石積み水路に時間をかけてゆっくりと水が流れていたものが、そこが三面コンクリート張りされて、降った雨がつるつる滑って流れるようになっています。そして、これがまた下流部での洪水危険の度合いを高めているのです。

森は海の恋人、川は楽しいデートコース之図

by KATAYOSE

図9　自然復元の技術プロセス率（片寄、1992・1997 改）

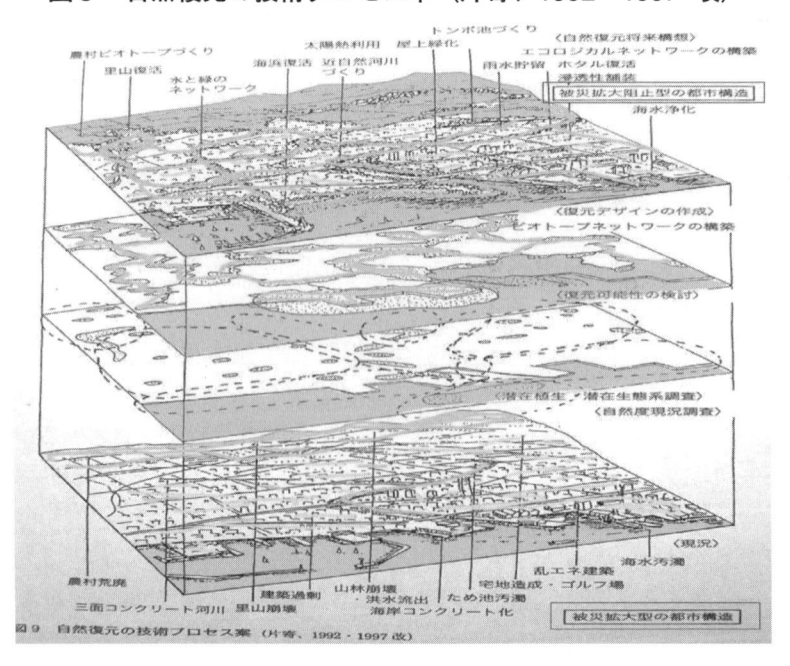

⑤ 脱ダムで総合治水策を

　日本の川は、一般に増水期と渇水期の水量差がたいへん大きくて、10,000から20,000：1というほど、流量が変化するのです。明治期に日本の河川をみたオランダの技師が「これは川ではない。瀧だ」と言ったと伝えられているほどです。しかもそのような状況をいよいよ加速させてきたのが上流の開発であり、森林保全をないがしろにしてきたつけが、下流域を襲ってくるのです。

　そこで、上流域で洪水時の流量を効率よくカットする目的で、ダムを造ろうという計画が出てくるわけですが、それが別の深刻な問題をもたらすという問題があります。ダムがきわめて効果的な場合もあり、それがどうしても必要な時もあるので、わたしはダムを完全否定しているものではないのですが、ダムで問題がすべて解決するわけでもないのです。

　最大の問題は、ダムが想定しているレベルを超えた雨が降ったときには、ダムが何の役にも立たないばかりか、存在がかえってマイナスに作用する場合があること。そしてもう一つ、ダムによって谷間の貴重な自然環境と生態系を根底から破壊するという、非常に深刻な問題があるということです。そこで、それを何とか避ける方法はないかと考えて、流域全体で保水力を高めるとともに、仮に堤防を溢水したときにも、それが災害をもたらさないようにする、ダムに変わる「総合治水策」こそが求められていると思うのです。

●いいまちづくりが防災の基本

人工林惨状。間伐なし。
　地表はかちんかちん　→　洪水誘発

レクリエーションとしての里山保全活動も行われてはいるのだが

ゴルフ場を空からみると

農村部でも進む三面張り水路

下流部の状況（渇水期はカラカラ）

だからといって、せっかくの美しい風致を壊してダムをつくればいいというものではない（兵庫県武庫川武田尾渓谷）

下流部の状況（増水期は恐ろしいほどの水量）

ダムにかわる総合治水策の提案

流域の保水力増強

里山保全・森林造成

「しのぎ」の思想

着々と、確実に実現する安全策はある

遊水機能拡充
遊水池新設、低地の遊水池利用

流下能力の向上

堤防強化
破堤防止策

被害軽減策の実施
建築的対応策
（ピロティ、水防シャッターなど）

内水対策
ポンプアップ施設

●いいまちづくりが防災の基本

第6章　「花鳥風月」のまちづくりに向けて

1　防災まちづくりの目標像

　災害に強いまちとは、「いいまち」であるというのが、本書の一貫した主張ですが、では最終的にはどんなまちを目指すべきか。その目標像としてわたしが提案していすのが、「花鳥風月のまちづくり」です。

　おそらく最初の提唱者は森清和さんであったと思います。横浜市役所の環境研究所の職員で、全国各地でホタルの復活やトンボの復活、そして都市の川の復活を提唱し、励ますだけでなく自らもさまざまな実践を重ねられてきた先駆者ですが、惜しいことに先年若くして亡くなられました。わたしも長崎時代から多くのことを彼に教わってきた一人です。

　花鳥風月というのは、ある種の夢の世界ですが、これをまちづくりの目標像にかかげてみますと、とてもうまく整理できるのです。

　「花」は、花いっぱい、華やかで、住んで楽しく、訪れて楽しいまちです。いまわが国では、かつて町の中心市街地として、まちの個性と文化を支えてきた商店街が、どこもかしこも元気がなく、空き店舗が増えて「シャッター通り」となっています。世界的に見ると、日本が一番ひどいのではないかと思うほどですが、中心市街地をないがしろにして、郊外へ郊外へと都市域を拡張す

る政策が無定見にとられて来たこと、そして一方では郊外型の巨大な大型商業施設がさかんに人を惹きつけていることが原因です。

　わたしは、これはまったく間違いであったと考えています。拡散した都市はエネルギー効率が悪く、しかも後戻りができません。賑わいの中心がなくなったまちでは、人間くさい文化が育ちにくいのではないでしょうか。中心市街地に「華やぎ」をとり戻すことが、これからのまちづくりでもっとも大切なポイントの一つであると思うのです

　「鳥」は、鳥、サカナ、昆虫、動植物、そして人間がともに暮らすまち。緑環境の保全、農の復権、自然復元、水辺再生がテーマです。とくに水辺の再生は、非常に大事なポイントで、われわれの世代は、大いに水辺で遊んで育ったのですが、今の子どもたちの親が「良い子は川で遊ばない」という標語のもとで育った世代ですから、子どもを水辺に近づけることを極端に恐れているように思われます。しかし子どもの頃から自然と親しむ機会を少しでも増やしてあげないと、自然の楽しさも、また自然の恐ろしさも理解できなくて、「生きる力」が身に付かないのではないでしょうか。

　「風」は、歴史と風土を大切に、風流で美しい、風水害から安全なまちをつくろうと言うのがテーマです。景観保全、防災安全、風力などエコエネルギーでものづくり。

　と同時に、ちょっとひねって「風土＝ふうど＝FOOD」とつなげまして、うまいものが食えるまち。食文化は大切なポイントです。最近「食育」がやかましく言われるのですが、わたしも子どもたちがジャンクフードとかファーストフードに舌を慣らされていくのをみる

のを非常に悲しく思っています。イタリアからはじまったスローフード運動が提唱するように、地産地消、安全でおいしい地域のものを食べて、そして地域を愛するそういう子供たちをどう育てていくかを、まちづくりの大きいテーマにしたいと思います。

　最後に「月」は、月を愛でつつ夢と未来への展望を語り合えるまちがテーマです。ゆとりとか、持続可能なまちづくりを目指したいと思います。

❷ よい子は川で遊びたい

　兵庫県と大阪府の間を流れる猪名川という一級河川があります。今では、普段は水量がすくなく、逆に一雨降ると一気に水量がふえるという典型的な都市型河川ですが、1952年頃の夏の写真を見ると、水量は豊富で、その川に入ってたくさんの人たちが水と戯れています。すごく楽しい川であったのです。わたしの子どもの頃は"くろんぼ大会"というのがありました。夏休み終わって全身が真っ黒けでなかったら、恥ずかしいという時代でした。

　川は、小さい子どもの頃は岸辺で、大きくなるとちょっと冒険して深みに挑戦するというように、子どもの成長段階に応じていろいろな遊び方が出来る素晴らしい空間です。そして、遊ぶなかでうっかりすると足をすくわれて流される。だから遊ぶうちに、災害の恐ろしさ、自然の恐ろしさを体験できる。

　こういう川の楽しさと、その怖さを、次の世代にも味わってほしいのです。わたしもしばしば川掃除に参加するのですが、ちょっときれいになると子どもたちは川に

近寄ってきます。やはり川が好きなのです。とはいえ、昔のようにガキ大将が居て、子どもたちを指導したり、危なければ助け船を出すという時代ではないので、子どもが安心して遊べる環境を大人たちが心してつくってあげる必要があると思います。柵をつくって子どもを遠ざけるのは、大きい目で見るとかえって危険な方向ではないでしょうか。

　ただこれも難しい話で、民法の先生に「子どもたちを川に入れるのはどうですか」とお尋ねしたところ、「水深15センチまでならいい」という回答をいただいてがっかりしたことがあります。倒れても息はできる、ということのようですが。それではまったく面白くない。わたしの子どもの頃は、川に飛び込んで岩の下へもぐるという、それができないもので、できる人を尊敬した。ああいう川の楽しみと少年はやはり冒険もしたい、そういう願いと「安全」の問題とは、なかなか相容れないということでしょうか。

③ "まち育て"の思想

　最後に、まちづくりの基本について考えてみたいと思います。写真は、有名な京都の無鱗庵という日本庭園です。

　日本庭園をつくってきた技術というのは大変なものであると思います。

　わたしは前述したように、ニュータウンをつくる開発事業の現場で働いていたことがありますが、ニュータウンづくりは総合的なまちづくりの事業ですから、土木、建築、造園、機械、いろんな技術屋さんと一緒に机を並

べて仕事をしていました。

そのときに造園の技術者の方に、ふと「あなた方は造園を設計するときに、何年後くらいを想定して設計をするのですか」と尋ねてみたことがあります。すると「だいたい十年から十五年先かなぁ」という言葉が返ってきて、それ以来わたしは造園の技術者をたいへん尊敬してるのです。

われわれ建築とか土木とか、ものづくり系の人間は、一応工事が完成して引き渡をした時点で、「完成」したという意識が強いのですが、造園の世界では基本的にそれは通用しないのです。もっとも現代では、造園技術もまた建築や土木の方向に強くシフトさせられて、売り出しの期間中とか、博覧会の期間中だけ緑と花があればいい、といった要求に屈している面がないではありません。

われわれは、わが国の伝統的な日本庭園の技術をもう一度原点から学ぶべきではないでしょうか。一応の「建設」が出来上がったあと、水をやり肥やしをやって、剪定をして、そして十年、十五年して、やっと完成するという、長いスパンでものづくりを考えるという、すばらしい技術の伝統をわれわれはもっているのです。

そして、これこそまちづくりの本来的な技術であると思います。まちとは、もともと「つくる」ものではなくて、人々が手塩にかけて「育てる」ものであり、技術はそれを具現するためのものでなければならなかったのです。日本庭園の伝統的な技術には、学ぶことが山ほど詰まっています。わたしは、最近になってようやくそのことに目を開かれたのでした。

こういう形で日本のまちづくりの技術体系を根底から変えることもふくめて、いいまちづくりに向けて、まち

を緩やかに、楽しみながら育てていく方向こそが、防災まちづくりの王道だということを本書の結論にしたいと思います。

わがまちですすめよう 花鳥風月のまちづくり

花いっぱい、華やかで、住んで楽しく、訪れて楽しいまち。
→ 商店街再生

鳥、サカナ、昆虫、動植物そして人間が共に暮らすまち。→緑環境の保全、農の復権、自然復元、水辺再生

風土(FOOD)
うまいものが食えるまち。
→わがまちの味覚！

歴史と風土を大切に、風流で美しい、風水害から安全なまち。
→景観保全、**防災安全**、風力などエコエネルギーでものづくり

月を愛でつつ、夢と未来への展望をみんなで語りあえるまち。→ゆとり、持続可能、住民自身による将来像づくり

●いいまちづくりが防災の基本

ゆとりの心をもって
京・銀閣寺

風土を生かす知恵を造園技術に学ぶ　京・無鄰庵庭園

第6章　「花鳥風月」のまちづくりに向けて

あとがき

　年末に課題をいただき、正月休みを返上して、奇しくも本書の書き下ろしが一応完成したのは、2007年1月17日、つまり12年前の同じ日に阪神淡路地区を襲った大震災の記念日であり、はからずも犠牲者の方々への鎮魂の書となりました。

　わたし自身は、その当日は長崎在住で、大変なことが起こったのをテレビの画像で知りました。自分が専門領域としている都市環境そのものが、かくも多くの人々の命を奪うという事実におののき、こういう事態が起こることを専門家としての自分はどれほどどれほど予測していたのか、またそれについてどれほどのことをしてきたのか、と深く反省いたしました。

　正直に申し上げると、阪神淡路大震災を引き起こした「直下型地震」が、わが国のどの都市で起こってもおかしくないことについての知識は一応もっており、大都市への人と金とモノの過度の集中に対しては一貫して批判的な視点をもっていましたし、神戸地区はとくに家屋の密集度が高くいささか過熱気味であると心配していましたが、流れに棹さすすべもないまま、何か起こらなければいいのだがと、ただ祈っていただけでした。

　震災の翌年に転職して、被災地である兵庫県下に住所を移したのですが、直後からしばしば被災地の訪問はしていたものの、復旧・復興のプロセスについては、すでに相当複雑な段階に入っていたため、直接タッチする機会はほとんどありませんでした。

したがって、実体験として阪神淡路大震災に関連することは、あまり多くを語ることができなかったので、本書の事例の中心は、わたしが1972年から1996年までの26年間という長期間お世話になり、その間に体験した長崎地域における災害問題をとりあげています。ただ、本文に詳しく述べましたように、災害には個別性と同時に、きわめて多くの共通した側面があると考えており、出来るだけその点に配慮して叙述したつもりです。

　本書を上梓した直接のきっかけは、2006年10月19日に、大震災の被災地である神戸市で開かれた自治体議会政策学会第8期自治政策講座「危機管理・防災のまちづくりと議会の役割」の講師に招かれて「真の防災は"いい町づくり"から」と題する講演をさせていただいたことにあります。

　講演ののち、事務局を担当されている青木菜知子様から本書執筆についてのお勧めをいただき、自分の講演テープをお借りして、関西学院大学総合政策学部学生の浅野真理さんにテープ起こしの難儀な仕事をしてもらったのですが、やはり聴衆を前にした講演録をそのまま本に出来るほどの力量はないことを改めて自覚しました。そこでテープを参照しつつも、全文を新たに書き下ろしております。

　多くの方々にお世話になって本書をなんとかまとめることが出来ましたことを、紙上をお借りして御礼申し上げます。

著者紹介

片寄　俊秀　（かたよせ　としひで）

●略歴

大阪人間科学大学人間環境学部人間環境学科特任教授。　まちづくりプランナー。工学博士。技術士。一級建築士。NPO法人ほんまちラボまちづくり道場・道場主。シンクタンク花鳥風月のまちづくり研究所主宰。1938年生。奈良市出身。京都大学工学部卒業。学生時代に京大アフリカ類人猿学術調査団（今西錦司団長）に基地設営担当で参加。1962-70年大阪府技師として千里ニュータウン開発事業等に従事。1970-96年長崎総合科学大学建築学科教授。1982年の長崎豪雨災害を現地で体験し災害復旧・復興問題にも取り組む。1996-2006年関西学院大学総合政策学部教授。2006年4月より現職。その間に兵庫県三田市の商店街にまちかど研究室「ほんまちラボ」を設置運営。2004年度に淀川・猪名川河川敷の保全と利用対話集会ファシリテーター。2006年度国土交通省猪名川河川敷利用検討委員。国土問題研究会副理事長。

著書：『ブワナトシの歌』（朝日新聞社。現代教養文庫。映画化：羽仁進監督、渥美清主演）、『スケッチ全国町並み見学』（岩波ジュニア新書)、『ながさき巡歴』（NHKブックス)、『論集・長崎豪雨災害』（片寄研究室)、『千里ニュータウンの研究』（関学出版会)、『商店街は学びのキャンパス』（関学出版会)、『いい川・いい川づくり最前線』（共著、学芸出版社)、『まちづくり道場へようこそ』（学芸出版社）など。

コパ・ブックス発刊にあたって

　いま、どれだけの日本人が良識をもっているのであろうか。日本の国の運営に責任のある政治家の世界をみると、新聞などでは、しばしば良識のかけらもないような政治家の行動が報道されている。こうした政治家が選挙で確実に落選するというのであれば、まだしも救いはある。しかし、むしろ、このような政治家こそ選挙に強いというのが現実のようである。要するに、有権者である国民も良識をもっているとは言い難い。

　行政の世界をみても、真面目に仕事に従事している行政マンが多いとしても、そのほとんどはマニュアル通りに仕事をしているだけなのではないかと感じられる。何のために仕事をしているのか、誰のためなのか、その仕事が税金をつかってする必要があるのか、もっと別の方法で合理的にできないのか、等々を考え、仕事の仕方を改良しながら仕事をしている行政マンはほとんどいないのではなかろうか。これでは、とても良識をもっているとはいえまい。

　行政の顧客である国民も、何か困った事態が発生すると、行政にその責任を押しつけ解決を迫る傾向が強い。たとえば、洪水多発地域だと分かっている場所に家を建てても、現実に水がつけば、行政の怠慢ということで救済を訴えるのが普通である。これで、良識があるといえるのであろうか。

　この結果、行政は国民の生活全般に干渉しなければならなくなり、そのために法外な借財を抱えるようになっているが、国民は、国や地方自治体がどれだけ借財を重ねても全くといってよいほど無頓着である。政治家や行政マンもこうした国民に注意を喚起するという行動はほとんどしていない。これでは、日本の将来はないというべきである。

　日本が健全な国に立ち返るためには、政治家や行政マンが、さらには、国民が良識ある行動をしなければならない。良識ある行動、すなわち、優れた見識のもとに健全な判断をしていくことが必要である。良識を身につけるためには、状況に応じて理性ある討論をし、お互いに理性で納得していくことが基本となろう。

　自治体議会政策学会はこのような認識のもとに、理性ある討論の素材を提供しようと考え、今回、コパ・ブックスのシリーズを刊行することにした。COPAとは自治体議会政策学会の英略称である。

　良識を涵養するにあたって、このコパ・ブックスを役立ててもらえれば幸いである。

自治体議会政策学会　会長　竹下　譲

COPABOOKS
自治体議会政策学会叢書
いいまちづくりが防災の基本
── 災害列島日本でめざすは"花鳥風月のまちづくり" ──

発行日	2007年4月3日
著　者	片寄　俊秀
監　修	自治体議会政策学会 ©
発行人	片岡　幸三
印刷所	株式会社　シナノ
発行所	イマジン出版株式会社

〒112-0013　東京都文京区音羽1-5-8
電話　03-3942-2520　FAX　03-3942-2623
http://www.imagine-j.co.jp

ISBN978-4-87299-443-8 C2031　¥1000E

落丁・乱丁の場合は小社にてお取替えいたします。